南亚勋业印记

2019

2020

2021

2022

2023

罗志强　李俊峰　袁晓丽　主编

中国热带农业科学院
南亚热带作物研究所**所志和大事记**

(2019—2023年)

中国农业出版社
北　京

编委会

主　　编：罗志强　李俊峰　袁晓丽

副 主 编：黄小华　陈世海　李　颖　欧雄常

参编人员：邢姗姗　黄炳钰　李琬琪　曹　娟　黄丽君
涂行浩　李　威　陈　曙　陈荣豪　唐远红
张　森　李玉林　杨颖娣　毛济民　陈　超
吴　浩　魏茹丹　刘晓颖　陆军迎　刘江平

前言

在中华人民共和国成立75周年之际，中国热带农业科学院（以下简称“热科院”）南亚热带作物研究所（以下简称“南亚所”）迎来了70周岁生日。70年来，南亚所始终牢记服务国家战略的初心使命，坚持“求实办所，开放办所，特色办所”的办所理念，秉承“团结、求实、厚德、创新”的所训精神，使南亚所不断发展壮大。

南亚所风雨兼程70年，从建站最初土地面积3公顷发展到今天508公顷；陆续建成并启用了热带果树生物学综合实验室、热科院四川攀枝花研究院、热科院广西研究院及广西百色综合实验站；工作人员从建站的50余人，发展到今天有在职职工179人，离退休职工223人，在所学生79人，编外职工63人；研究对象从橡胶拓展到菠萝、芒果、澳洲坚果、剑麻、荔枝、龙眼、香蕉、甘蔗等十余种经济作物；研究领域从橡胶抗寒育种拓展到种质资源收集与保存、栽培与生理、遗传育种、采后贮运与保鲜、农业资源高效利用与良好环境生态建设等基础研究、应用研究和共性关键技术研究。

我们始终坚持问题导向，聚焦制约热带农业发展的关键核心技术难题，通过实施一批重大科研项目，取得了一批科技成果，开发出一批高效实用的新技术、新产品，培养出一大批农业科技人才，为热带农业高质量发展提供了有力支撑。

值此南亚所70周年华诞之际，所领导班子研究决定在所庆65周年编写所志丛书的基础上接续历史，再谱新篇，续编《南亚勋业印记——中国热带农业科学院南亚热带作物研究所所志和大事记（2019—2023年）》，作为所庆的献礼。

本书系统总结了南亚所5年间在科技创新、科技服务、基本条件建设、机构队伍、合作与交流以及党建和精神文明建设等各项工作中取得的成效，记录特定历史节点中发生的重要事件，继续谱写南亚所人在科研事业中勤奋务实、开拓进取、与时俱进的创新精神以及党员同志们在新冠肺炎疫情中体现的勇于担当的奉献精神。

本书的编写不仅是对过去的回顾，也是对未来的启示；既是南亚所人承前启后、继往开来的精神财富，也是南亚所不断选择、不断优化、不断发展的历史见证。意义非凡！

在这里，向长期以来支持、关心和帮助南亚所建设、发展的领导、各级地方政府和长期合作的科研院所、大专院校、企业以及农业科技工作者表示衷心的感谢！向过去、现在为南亚所的发展作出贡献的所有南亚所干部职工表示崇高的敬意！

新时代，新征程。我们坚信，在习近平新时代中国特色社会主义思想的引领下，深入学习贯彻党的二十大和历次全会精神，聚焦“国之大者”，以创建世界一流的南亚热带农业科技创新中心为目标，一代代南亚所人薪火相传，团结协作、接续奋斗，一定会为推动热带农业高质量发展作出更大的贡献！

杨如倩

2024年9月30日

目录

第一章 总体概述（2019—2023年）

一、基本情况

中国热带农业科学院（以下简称“热科院”）南亚热带作物研究所（以下简称“南亚所”）是隶属于农业农村部的非营利性国家级科研机构，1954 年创建于广东省徐闻县后塘乡坑仔村，1956 年搬迁至湛江市麻章区。主要以菠萝、芒果、澳洲坚果等南亚热带果树，剑麻和甘蔗等热带纤维和糖料作物等为研究对象，开展种质资源与遗传育种、作物栽培、采后贮运与保鲜、农业资源高效利用与良好环境生态建设等基础研究、应用研究和共性关键技术研究。

至 2023 年年底，全所在职职工 179 人，其中研究员 14 人、副研究员 44 人；具有博士学位人员 38 人，硕士研究生导师 38 人；拥有省部级人才称号 10 人；体系岗位科学家 2 人；中国热带农业科学院青年人才 1 人。

所内设机构 20 个，包括办公室（党委办公室）、科技处、财务处、条件保障处、产业发展部、热科院四川攀枝花研究院（以下简称“攀枝花研究院”）综合办公室 6 个职能部门，澳洲坚果研究中心、香蕉杂交育种研究中心、荔枝龙眼研究中心、菠萝研究中心、芒果研究中心、南亚热带作物种质资源研究室、剑麻研究中心、园艺产品采后保鲜与加工研究室、植物营养研究室、旱作新材料研究室、旱作农业工程技术研究中心、休闲农业研究室、旱作种业与节水研究中心、南亚热带粮食作物研究中心（南方蔬菜研究中心）共 14 个科研部门。

全所土地面积 508 公顷，建有热带作物生物育种全国重点实验室、国家热带果树种质资源圃、国家土壤质量湛江观测实验站、国家农业绿色发展长期固定观测湛江试验站、农业农村部热带果树生物学重点实验室等 20 个国家级、省部级科技创新平台。在四川攀枝花、广西扶绥等地建有试验示范基地。

2019 年以来，南亚所先后承担了省部级及以上科研项目 354 余项，其中国家基金项目 22 项，牵头申报并获批国家重点研发计划项目 1 项，参与课题及子任务 14 项；选育芒果、澳洲坚果、橡胶和甘蔗等新品种 8 个；获芒果、香蕉、甘蔗、菠萝等植物新品种保护权 51 个；以第一作者或通讯作者发表论文 860 余篇，其中被 SCI（科学引文索引）或 SSCI（社会科学引文索引）收录的论文 40 篇，同期出版专著 53 部，制修订农业行业标准 18 项，授权国家发明专利 148 件；先后获国家级奖项 1 项、省部级奖项 27 项，其中参与的“植物源油脂包膜肥控释关键技术创建与应用”获 2019 年度国家科学技术进步奖二等奖，以第一完成单位申报的“川滇金沙江干热河谷晚熟芒果产业化关键技术研究与应用”获 2016—2017 年度神农中华农业科技奖一等奖，“中国热带农业科学院晚熟芒果育种与优质栽培创新团队”获 2018—2019 年度神农中华农业科技奖优秀团队奖。

5 年来，服务“三农”工作成效明显。立足湛江、服务热区、走向世界热区，在广东、广西、贵州、云南、海南、四川等地开展甘蔗、菠萝、芒果、坚果、香蕉、甘蔗等作物的科技服务与推广工作。创新服务“三农”新模式，创办了新型农民学校、农家课堂和科技小院，推动了四川攀枝花晚熟芒果、广东雷州半岛菠萝和云南临沧澳洲坚果等优势产区的建立和发展。组织选派专家进驻乡村开展技术培训和技术指导 1 500 多人次，培训农技人员和农民 20 000 多人次。推广应用新品种 9 个，推广新技术与新模式 12 项。科技支撑地方精准扶贫，总结推介科技助推乡村振兴模式或典型经验 2 个。在四川攀枝花、西藏林芝等地区建立助推乡村振兴及科技帮扶产业扶贫示范点 7 个。

新时期，南亚所以习近平新时代中国特色社会主义思想为指导，践行“求实办所、开放办所、特色办所”的发展理念，立足国家和产业重大需求，瞄准国际前沿，努力把南亚所建设成为世界一流的南亚热带农业科技创新中心、南亚热带作物种质资源收集保存基地、南亚热带作物良种良苗繁育基地、南亚热带作物科研试验示范基地和南亚热带农业国际交流与人才培养基地。

二、科研概况

2019 年以来，南亚所的科研工作以南亚热带作物科技创新工作为主开展。以南亚热带作物种质资源收集保存、鉴定评价和创新利用为主要手段，重点开展新品种创制和产业提质增效，解决基础性、前瞻性和应急性的生产技术难题。通过实施人才队伍建设、科技创新平台建设、基础设施建设以及重点学科建设，南亚所在 2019—2023 年的 5 年中，科技创新能力大幅度提升。

1. 科研投入：2019—2023 年，全所承担各类科研项目 267 项，获得科研经费共计 11 286.52万元。其中，主持国家重点研发计划项目 1 项，经费 3 325 万元；主持国家重点研发计划课题 2 项；获批国家自然科学基金项目 12 项。

2. 科研产出：2019—2023 年，获得科技成果奖励 36 项，其中作为项目主持单位的获奖成果有 14 项，包括省部级成果奖 6 项、院市级成果奖 8 项；作为项目参加单位的获奖成果 22 项，包括国家科学技术进步奖二等奖 1 项、省部级奖 18 项；授权专利 259 件，其中发明专利 105 件、实用新型专利 154 件；育成品种 52 个，其中芒果、香蕉、菠萝等新品种 41 个；制修订行业标准 19 项；出版著作 44 部；获得软件著作权 51 项；发表论文 566 篇，其中 SCI 收录 139 篇（根据中国科学院分区标准一区 43 篇，二区 64 篇）。

三、人才队伍建设

“人才是第一资源，创新驱动实质是人才驱动”。南亚所始终高度重视人才工作，在所党委的带领下，以强化科技人才队伍建设为抓手，以创建高层次科技创新平台及引进培养领军人才和学科带头人为重点，大力实施“科研立所、人才强所、服务兴所”的战略方针。一方面扩大人才增量。近 5 年来，通过公开招聘引进 47 人，同比增长 81%，其中具有博士学位人才 12 人，占公开招聘总人数的 26%，同比增长 5 倍。大量人才引进为南亚所储备了一批符合热带农业长远发展以及学科方向需要的优秀青年人才，为新兴学科的拓展奠定了基础。另一方面提高人才质量。近 5 年来，南亚所联合培养博士后 5 人，培养在职博士 10 人，培养在职硕士 1 人，联合培养研究生 102 人，培养热科院“热科优青” 1 人、南亚所“优青” 17 人、南亚所“青年拔尖人才” 2 人，随着青年科技人才快速成长，逐步培养了一批具有较强创新意识、较高发展潜力的青年学术骨干，南亚所的科技创新能力得以持续提升。

5 年间，南亚所人才队伍结构逐步优化，学历层次逐步提高，一批高学历的年轻科技人员也逐渐成长为独当一面的科研带头人。总体来看，一是人才总量稳步增长，2023 年总人数 179 人，相比 2019 年净增 13 人。二是人才素质不断提高，截至 2023 年 12 月底，全所研究生及以上学历为 125 人，相比 2019 年增加 37 人；高级专业技术人才为 60 人，相比 2019 年增加 11 人。三是科研队伍结构得以优化，2023 年 35 岁及以下人员为 55 人，相比 2019 年增加 13 人。

四、科技服务

5 年来，产学研合作更加广泛。与阳光嘉润（老挝）农业发展有限公司、广东画景饮料有限公司、云南临沧永德县等签订产学研合作协议 90 多份，完成技术合同登记 76 项，完成产业规划 6 项。

拓展了科技成果转化新渠道。南亚所培训基地正式挂牌，新建南亚国防教育基地，获批广州国家农业科创中心乡村振兴人才实训基地。

提升了植物园科技内涵。建成科普长廊、蝴蝶标本馆、南药康养药膳体验环保教育基地；获广东省“十佳科普教育基地”称号；被授予“全国科普教育基地”“全国中小学生研学实践教育基地”“全国休闲农业与乡村旅游示范点”和“全国农产品质量安全教育基地”等国家级荣誉称号。参观服务人数突破 40 万人次。

五、条件建设

2019 年以来，南亚所新获批国家农业科技创新与集成示范基地、国家土壤质量湛江观测实验站、国家农业绿色发展长期固定观测湛江试验站、广东省南亚热带作物种质资源圃等国家级、省部级平台 6 个，目前省部级及以上平台已有 20 个。重点建成国家热带果树种质资源圃、农业农村部热带果树生物学重点实验室等 8 个省部级以上重点实验室（工程中心）。大型仪器设备 2021—2022 年连续两年考核获得良好等次。获批建设项目总投资 1.45 亿元（比前 60 年建设经费的总和还多），建成农业农村部热带果树生物学综合实验室、国家热带种质资源圃、扶绥热带农业综合实验室、农业环境与作物高效用水试验基地等，参建广州试验基地，多点布局的局面已初步形成。国家热带果树种质资源圃入选首批国家农业种质资源库（圃）建设名单，南亚所成为首批广东省农业种质资源保护单位。

第二章 科研平台

截至2023年，南亚所共建有科研平台27个，其中重点实验室4个（省部级重点实验室3个，市级重点实验室1个）；拥有并建成种质资源圃3个，其中部级种质资源圃2个，省级种质资源圃1个；建成研究中心15个，其中省级研究中心9个，地市院校级研究中心5个；建有创新基地6个。

第一节 科研平台概况

南亚所依托土地和资源优势，在不同发展阶段根据实际需求开展各类试验示范基地建设。建所早期主要有橡胶抗寒试验示范基地，零星试种香茅、油棕、木瓜、玫瑰茄等热带特色作物，1979年后陆续建设了澳洲坚果、剑麻、芒果等热带作物试验基地，1996年9615号超强台风后，橡胶试验基地受灾毁坏后于2015年重建，1998年建成南亚热带作物名优良种苗木繁育基地，试验基地作物种类逐渐丰富，各基地自成特色。

科研创新平台于2006—2015年集中建设，以南亚热带作物研究为特色，围绕产业发展需求，建设了种质资源圃、省部级重点实验室，涵盖了作物种质资源、生物、作物营养、采后保鲜等学科。各级科研平台数量和名称见表2-1和表2-2。

表2-1 各级科研平台数量年度统计

级别	合计（个）	年度统计（个）						
		1954—1995年	1996—2000年	2001—2005年	2006—2010年	2011—2015年	2016—2020年	2021—2023年
省部级科研平台	20	0	0	1	2	12	5	0
市级科研平台	3	0	0	0	0	1	0	2
院所级科研平台	4	0	0	0	0	2	2	0

表 2-2 科研平台名称一览

序号	平台名称	认定时间（年）	负责人
	省部级		
1	国家热带果树种质资源圃	2012/2022	陈晶晶
2	国家重要热带作物工程技术研究中心菠萝研发部	2007	吴青松
3	国家重要热带作物工程技术研究中心芒果研发部	2013	王松标
4	国家重要热带作物工程技术研究中心澳洲坚果研发部	2013	曾辉
5	国家农业科技创新与集成示范基地	2014	杜丽清
6	国家土壤质量湛江观测实验站	2019	马海洋
7	国家农业绿色发展长期固定观测湛江试验站	2020	安东升
8	农业农村部湛江菠萝种质资源圃	2012	吴青松
9	广东省南亚热带作物种质资源圃	2018	陈晶晶
10	广东省南亚热带作物种业创新中心	2018	邹明宏
11	农业农村部热带果树生物学重点实验室	2011	杜丽清
12	海南省热带园艺产品采后生理与保鲜重点实验室	2009	朱世江
13	海南省热带作物营养重点实验室	2012	石伟琦
14	广东省热带特色果树工程技术研究中心	2013	张秀梅
15	广东省旱作节水农业工程技术研究中心	2016	安东升
16	广东省现代农业（重要热带作物）产业技术研发中心	2015	涂行浩
17	海南省菠萝种质创新与利用工程技术研究中心	2012	吴青松
18	贵州澳洲坚果科技创新中心	2013	曾辉
19	华南农业大学湛江荔枝龙眼农科教合作人才培养基地	2012	李伟才
20	中国热带作物学会园艺专业委员会	2002	杜丽清
	地市级、院所级		
21	攀枝花芒果创新工程中心（湛江）	2013	王松标
22	湛江市热带作物遗传改良重点实验室	2015	张燕梅
23	湛江市南亚热带休闲农业开发与利用工程研究中心	2022	邓旭
24	湛江市热带作物秸秆高效循环利用工程技术研究中心	2023	焦静
25	中国热带农业科学院休闲农业研究中心	2011	帅希祥
26	中国热带农业科学院热带旱作农业研究中心	2016	苏俊波
27	中国热带农业科学院南亚热带作物研究所循环农业研究中心	2019	李海亮

第二节 科技创新平台简介

一、种质资源圃

1. 国家热带果树种质资源圃

国家热带果树种质资源圃，位于广东省湛江市麻章区，2011 年通过验收后正式运行，第一期建成面积 300 亩（1 亩≈666.67 平方米，余同），2019 年农业农村部批准进行第二期建设，由 300 亩扩建到 500 亩，建有田间工作室、引种隔离检疫观察室、自动化玻璃温室大棚及田间排灌系统等基本设施，配套科研设备 30 余台（套）。目前建成芒果资源保存区 80 亩、澳洲坚果资源保存区 80 亩，菠萝资源保存区 10 亩、荔枝龙眼资源保存区 120 亩，香蕉资源保存区 45 亩，优稀特色果树资源保存区 165 亩，共计 500 亩，具有保存热带亚热带果树种质资源 5 000 份以上的能力。各保存区有 2～5 名基地管理人员，从事资源育种工作的科技人员 23 名，其中具有高级技术职称 15 人，中级 5 人，初级 3 人。目前收集保存了 22 科 39 属 62 种热带果树种质资源1 540份，已成为我国保存热带果树物种资源最多、遗传多样性最丰富的国家热带果树资源保存综合圃。

近年来，国家热带果树种质资源圃选育出了一批优异的热带果树种质资源。筛选出了红芒 6 号、凯特等优良晚熟芒果品种，并在金沙江干热河谷种植推广 60 余万亩，培育了晚熟品种热农 1 号、热农 2 号新品种，其中热农 2 号于 2011 年通过广东省农作物品种审定委员会审定，2014 年通过全国农作物品种审定委员会审定。2017 年，“川滇金沙江干热河谷晚熟芒果产业化关键技术研究与应用”成果，荣获 2016—2017 年度神农中华农业科技奖科学研究类成果一等奖。

还选育出 6 个澳洲坚果优良品种，其中 H2 通过全国农作物品种审定委员会审定，南亚 1 号、南亚 2 号通过广东省农作物品种登记，南亚 3 号通过广东省农作物品种审定委员会审定，H2、Own choice 被农业部确定为 2008 年主推品种，栽培面积 10 万余亩。

建圃以来，种质资源支撑了国家重点研发计划项目，国家基金、省基金、省重点研发计划等项目 40 余项。目前主要经费来源于农业农村部重大设施运行费，经费来源单一。近 10 年来，国家热带果树种质资源圃向全国 80 余家单位提供香蕉、芒果、菠萝、澳洲坚果、荔枝、龙眼、油梨（又称牛油果、鳄梨、奶油果）、番荔枝、毛叶枣等种质资源材料 5 000 余份，每年接待国内外科研、教学及生产等单位参观、学习科普与交流万余人次，为我国热带果树资源基础研究、新品种选育及产业发展提供了坚实的物质保障。

2. 农业农村部湛江菠萝种质资源圃

2012 年 1 月 13 日，农业部湛江菠萝种质资源圃（现已更名为农业农村部湛江菠萝种质资源圃）获得农业部办公厅认定，负责人为孙光明，秘书为孙伟生，成员包括陆新华、吴青松、刘胜辉、李运合等人。2013 年负责人变更为吴青松。

菠萝种质资源圃四周建有防护栏，圃内有田间监控系统、排灌系统、小型田间农田气候监测站。配套办公室三间（共 100 平方米）、试验室一间（100 平方米）、库房三间（共 200 平方米）。另有育苗玻璃温室（1 890 平方米）、育苗大棚（12 400 平方米）以及大田试验基地 100 亩，用于种质创新和试种试验。菠萝种质资源圃专用实验室除具备果实硬度计、电子天平、超低温冰箱、紫外可见分光光度计、冰柜、低温离心机、光照培养箱、水平电泳系统、垂直电泳系统等小型普通仪器设备外，还具备大型设备和仪器，可用于菠萝种质资源的监测、生理、生化、遗传及保存技术研究等。具备开展表型组、基因组、转录组等资源数据的采集和分析的仪器设备。

当前该资源圃有固定科研人员 12 人，其中博士 4 人，正高级职称 1 人，副高级职称 7 人。资源圃承担了农业农村部“948 计划”、物种资源保护等资源收集保护的项目，国家重点研发计划项目和广东省种业等资源筛选和品种选育项目，以及国家、广东省、海南省等自然科学基金项目。

3. 广东省南亚热带作物种质资源圃

广东省南亚热带作物种质资源圃，根据湛农计〔2017〕15 号文件的通知)，申请南亚热带作物种质资源保护圃建设项目，2018 年 5 月 25 日，湛江市农业局以湛农通〔2018〕225 号文件《关于下达 2017 年现代农业发展规划项目计划（雷州半岛二线南繁育种示范基地）的通知》批准项目立项，2018 年 7 月 12 日，湛江市农业局以湛农〔2018〕106 号文件《关于 2017 年现代农业发展规划项目资金（雷州半岛二线南繁育种示范基地）实施方案的批复》对实施方案进行了批复。2018 年 6 月 21 日广东省南亚热带作物种质资源圃正式揭牌。

资源圃位于广东省湛江市麻章区，依托单位是南亚所，该圃占地 500 亩，项目于 2020 年通过验收。2021 年，依托单位通过广东省农作物种质资源保护单位认定。资源圃现建有引种隔离检疫观察室、自动化玻璃温室、资源评价利用实验室、冷藏室、工具房等，同时建有水肥一体化、田间供电、物联网等田间工程并拥有种质资源评价、创新、科研育种相关仪器设备 30 余台（套）等。当前，有从事种质资源育种工作的科技人员 29 名，其中具有高级技术职称 18 人、中级 7 人、初级 4 人。

目前广东省南亚热带作物种质资源圃保存有热带、南亚热带作物，包括纤维作物剑麻，糖料作物甘蔗，粮食作物马铃薯，热带果树芒果、澳洲坚果、菠萝、香蕉、荔枝、龙眼、油梨、番荔枝、番石榴、杨桃、毛叶枣、莲雾、黄皮、火龙果、蛋黄果、人心果、黄晶果等，共保存有 25 科 43 属 67 种的各类种质资源共 2 399 份，另外还创制荔枝、龙眼、澳洲坚果、菠萝、香蕉等中间育种材料及杂交群体上万余份，是我国保存热带、南亚热带作物种质资源种类最丰富、数量最多的机构之一，并在芒果、澳洲坚果、菠萝等热带果树，剑麻、甘蔗等糖料和纤维作物，马铃薯等粮食作物种质资源的应用与研究上形成了自己的特色。建圃以来，种质资源支撑了国家重点研发计划、国家基金、省基金、省重点研发等项目 40 余项，每年向全国各科研单位、企业等提供资源 150 余份次。为南亚热带作物种质资源的保存、共享和创新利用，推动我国南亚热带作物的种业和产业发展，做强做大南亚热带作物特色产业作出了应有的贡献。

二、重点实验室

1. 农业农村部热带果树生物学重点实验室

农业部 2011 年正式批复设立农业部热带果树生物学重点实验室（现已更名为农业农村部热带果树生物学重点实验室），隶属于热带作物生物学与遗传资源利用学科群。热带果树生物学重点实验室依托南亚所，现拥有 3 500 平方米综合实验大楼，70 多平方米的低温保鲜冷库，200 平方米的钢结构塑料大棚，200 多平方米的隔离检疫温室和人工气候室，500 平方米的组织培养室。该重点实验室的正常运行，旨在保障各类在研的国家和省部级项目的正常进行，提高重点实验室的科研创新能力，为我国热带水果产业的可持续发展提供必要的技术支撑。

实验室围绕菠萝、芒果、香蕉以及澳洲坚果等热带果树生物学中的基础性、前沿性和战略性问题开展研究，突破制约行业发展的共性和关键技术难题，为热带果树产业发展提供理论、技术和方法，促进热区果农提质增效。

主要研究方向为以下四个方面：

（1）热带果树种质资源的保存鉴定、创新利用与关键基因功能解析；

（2）热带果树分子育种遗传改良与相关细胞生物技术；

（3）热带果树生理生态与栽培环境资源；

（4）热带果树采后生物学及贮运保鲜。

2. 海南省热带园艺产品采后生理与保鲜重点实验室

2005 年 8 月 25 日海南省热带园艺产品采后生理与保鲜重点实验室申请筹建（热科院科〔2005〕108 号），同年 9 月 1 日海南省科学技术厅同意筹建该实验室（琼科函〔2005〕269 号），筹建阶段实验室主任为朱世江教授，副主任为谢江辉研究员。通过 3 年建设，2009 年 12 月 9 日，海南省科学技术厅同意依托南亚所设立海南省热带园艺产品采后生理与保鲜重点实验室（琼科函〔2009〕448 号）。

海南省热带园艺产品采后生理与保鲜重点实验室设立在南亚所（广东省湛江市麻章区湖秀路 1 号），占地面积 1 500 平方米，拥有保鲜冷库、气调库，价值 10 万元以上仪器设备 16 台（套）。基本可以满足采后保鲜理论研究和技术开发的试验条件。实验室分为采后生理生化、采后病害、采后分子生物、采后新技术等四个方向。

2012 年 5 月 30 日，实验室顺利通过了首次考核评估，朱世江教授为实验室主任，张鲁斌副研究员为实验室副主任，弓德强博士为学术秘书。

2014 年 7 月 1 日，申请并获得了海南省重点实验室和工程技术研究中心建设专项（sys2014006）支持。

2018 年 4 月 9 日，依托实验室成功举办了“海南省热带园艺产品采后生理与保鲜重点实验室发展规划论证会暨热科院采后保鲜创新团队高峰论坛”，邀请了田世平、李正国、陆旺金、程运江等国内从事采后保鲜研究的知名专家，会议对实验室未来 5 年的发展规划进行了讨论。同时进行了海南省热带园艺产品采后生理与保鲜重点实验室学术委员会换届工作，聘请中国科学院植物研究所的田世平研究员为学术委员会主任（南亚所发〔2018〕29 号）。实验室分别于 2018 年、2023 年度考核中取得优秀，并获得海南省科学技术厅运行经费支持。

3. 海南省热带作物营养重点实验室

2011 年 10 月 14 日，海南省热带作物营养重点实验室申请筹建，2012 年 3 月 20 日海南省科学技术厅同意筹建该实验室（琼科函〔2012〕101 号），筹建阶段实验室主任为陈清教授，常务副主任为石伟琦博士，学术秘书为马海洋（南亚所发〔2012〕16 号）。通过

2年建设，2014年8月15日，海南省科学技术厅同意依托南亚所设立海南省热带作物营养重点实验室（琼科函〔2014〕335号），实验室主任为陈清教授，常务副主任为石伟琦副研究员，联系人为马海洋。2015年聘任石伟琦副研究员为实验室主任。

海南省热带作物营养重点实验室设立在南亚所（广东省湛江市麻章区湖秀路1号），占地面积2 000平方米，拥有万元以上仪器设备50多台，其中10万元以上的仪器25台（套）。大型仪器主要包括：电感耦合等离子体发射光谱仪、原子吸收光谱仪、全自动凯氏定氮仪、连续流动自动化分析仪、微波消解系统、原子荧光分光光度计、高效液相色谱仪、紫外可见分光光度计、便携式光合荧光仪、植物根系生长实时监测仪、智能人工气候室等，主要从事热带作物养分管理、肥料配方与平衡施肥、作物营养与品质等研究。

2014年8月1日，申请并获得了海南省重点实验室和工程技术研究中心建设专项（sys2015006）支持。

2018年，海南省热带作物营养重点实验室顺利通过了海南省科学技术厅首次考核评估，考核结果为优秀，并获得海南省科学技术厅36万元运行费的支持。

4. 湛江市热带作物遗传改良重点实验室

2015年12月15日，湛江市热带作物遗传改良重点实验室申请筹建，2015年12月24日，湛江市热带作物遗传改良重点实验室获得湛江市科学技术局批准建设（湛科〔2015〕160号）。

湛江市热带作物遗传改良重点实验室拥有1 000多平方米室内综合实验场所，200平方米的钢结构育种大棚，100平方米的隔离检疫温室，300平方米的组织培养室。实验室的超低温冰箱、高速冷冻离心机、荧光定量PCR仪、大分子仪、测序仪等科研仪器，总价值1 000万元以上，有剑麻、澳洲坚果、茄子、玉米、菠萝和芒果等种质资源约1 500份。主要开展：剑麻、澳洲坚果、茄子、玉米、菠萝和芒果等种质资源收集、保存以及评价利用研究，杂交育种以及优良品种选育，抗病、抗旱、纤维合成、皂素合成、低温以及品质相关优异基因的挖掘，芒果、菠萝、剑麻以及茄子等再生体系构建和遗传转化研究，剑麻抗斑马纹病生理生化以及分子机制研究，剑麻突变体库的构建以及SSR分子标记开发利用，茄子抗病育种和茄子青枯病防控方法研究，茄子突变体库的构建以及突变体的筛选鉴定，菠萝成花分子机理研究，芒果花色素苷和类胡萝卜素合成分子机理研究等。

三、研究中心

1. 国家重要热带作物工程技术研究中心菠萝研发部

2007年4月3日，科学技术部批准筹建国家重要热带作物工程技术研究中心，国家重要热带作物工程技术研究中心南亚所基地作为其下设机构［曾更名为南亚所分中心、湛江基地（南亚所）等］参加筹建工作，该中心于2010年通过科学技术部验收。南亚所基地负责人为孙光明，秘书为吴青松，成员包括窦美安、孙伟生、陈菁、陆新华、何衍彪、李运合、张秀梅、刘胜辉、臧小平、魏长宾等13人。承担主体为菠萝研究团队，有菠萝育苗基地和试验示范基地，主要开展菠萝优良品种引进及高效安全栽培技术的集成完善工作。

2009 年，国家重要热带作物工程技术研究中心南亚所基地更名为国家重要热带作物工程技术研究中心南亚所分中心，2010 年又更名为国家重要热带作物工程技术研究中心湛江基地（南亚所）。2013 年 5 月 3 日，国家重要热带作物工程技术研究中心机构设置中增设国家重要热带作物工程技术研究中心菠萝研发部（国家工程中心〔2013〕1 号）。

2. 国家重要热带作物工程技术研究中心芒果研发部

于 2013 年 5 月建立（国家工程中心〔2013〕1 号），主要开展芒果优良品种选育、高产栽培技术、品质生理调控等技术研发与推广等工作。

3. 国家重要热带作物工程技术研究中心澳洲坚果研发部

2013 年 5 月建立（国家工程中心〔2013〕1 号）。主要开展澳洲坚果优良种苗产业化、澳洲坚果系列产品开发等工程化技术研发与推广。“十二五”期间承担农业部南亚热作等研发项目 4 项，研发澳洲坚果嫁接繁殖等技术多项，选育品种南亚 3 号、922、南亚 12 号和南亚 116 号。

4. 海南省菠萝种质创新与利用工程技术研究中心

2011 年 11 月 15 日，海南省菠萝工程技术研究中心申请筹建，2012 年 3 月 27 日，海南省菠萝种质创新与利用工程技术研究中心获得海南省科学技术厅批准筹建（琼科函〔2012〕117 号）。2014 年 8 月 15 日，海南省菠萝种质创新与利用工程技术研究中心获得海南省科学技术厅批准建设（琼科函〔2014〕334 号）。

海南省菠萝种质创新与利用工程技术研究中心建设在南亚所和中国热带农业科学院农业机械研究所，面积 7 600 平方米，包含综合试验楼及中试工厂。拥有液相色谱仪（HPLC）、气质联用仪、光合作用测定仪、万能正立显微镜照相系统、超低温冰箱、高速冷冻离心机、原子吸收光谱等 10 万元以上仪器共 49 台（套），总价值为 1 493.53 万元。菠萝工程技术研究实验室 620 平方米、纤维处理车间 2 000 平方米、基地用房 500 平方米、冷库 223 平方米、温室 870 平方米、菠萝试验基地 100 余亩。主要开展品种选育与种质创新研究、轻简高效标准化栽培技术研究、菠萝保鲜贮运采后技术研究与菠萝加工新产品研发、菠萝综合开发利用技术研发。

5. 广东省热带特色果树工程技术研究中心

2013 年 5 月申请筹建，2013 年 12 月广东省科学技术厅批准同意组建（粤科函政字〔2013〕1589 号），2017 年 3 月通过验收。设轻简高效标准化栽培技术研究室、热带特色果树生物技术与遗传改良研究室、热带特色果品采后生物学与贮运技术室、热带特色果品加工新产品研发室和管理办公室等 5 个部门。

中心定位于热带特色果树的生长发育和品质调控等相关基础和应用研究，集成与组装热带水果安全、优质和稳产栽培管理技术以及产期调控技术，选育出具有自主知识产权的优良热带水果新品种，解决热带特色水果产品质量档次和安全性低、产量不稳定、产品上市季节过于集中、优良新品种缺乏等突出问题，提高热带果品的质量档次、安全性和稳产丰产性，促进广东省热带特色水果产业的持续健康发展。

6. 广东省旱作节水农业工程技术研究中心

2016年3月21日，广东省旱作节水农业工程技术研究中心申请筹建，2016年11月10日，广东省旱作节水农业工程技术研究中心获得广东省科学技术厅批准建设（粤科产学研字〔2016〕176号）。

2016年获得热科院旱作节水科技创新团队项目和农业部旱作节水重点实验室开放项目资助，2017年获得湛江市政府30万元资助资金，2018年通过湛江市财政资金科技专项绩效评价。2017—2019年，连续三年依托该平台举办热带旱作节水学术交流会。

7. 广东省现代农业（重要热带作物）产业技术研发中心

2015年10月，“广东省现代农业（重要热带作物）产业技术研发中心”申请筹建，2015年11月，获得广东省农业厅批准建设（粤农计〔2015〕118号），建设经费200万元（粤财农〔2015〕513号）。该平台定位于建设重要热带作物科技创新与集成转化公共平台，加强热带作物品种的改良和安全高效栽培技术的研发，以促进广东省热作产业的健康可持续发展，主要研发方向包括重要热带作物种质资源保护与创新研究、重要热带作物高效安全栽培技术研究、重要热带作物养分综合管理技术研究、重要热带作物病虫害综合防控研究、重要热带作物农产品保鲜贮运研究。技术推广与应用方面提供热带作物种质资源共享平台、全产业链的技术支撑、农产品质量追溯体系实训基地与电商交易平台、种苗规模化快速繁育平台。

8. 广东省南亚热带作物种业创新中心

按照全国种业改革创新试验示范区的发展定位，大力实施现代农作物种业行动计划，培育一批育繁推一体化种子企业，2018年，广东省南亚热带作物种业创新中心申请筹建。

9. 贵州澳洲坚果科技创新中心

2013年9月29日，南亚所和贵州省亚热带作物研究所联合建立的“贵州澳洲坚果研究中心”揭牌。

10. 攀枝花芒果创新工程中心（湛江）

2013年7月9日，南亚所与攀枝花市农林科学研究院签署了联合建设“攀枝花芒果科技创新工程中心”合作协议。2013年7月25日，“攀西芒果科技创新中心（湛江）”在南亚所挂牌，热科院汪学军副院长与攀枝花市农林科学研究院张洪祥院长一起为中心揭牌。

中心围绕芒果科技创新能力提升及产业化发展需求，瞄准攀西地区晚熟芒果产业存在的共性问题，双方联合开展晚熟芒果选育种、栽培与品质生理、优质高效安全标准化技术研究与示范等方面的科技创新研究及产业化应用，使中心建设成为具有国内先进水平的区域性晚熟芒果技术研究基地，为攀枝花乃至金沙江干热河谷流域晚熟芒果产业可持续健康发展提供技术支撑。

11. 湛江市南亚热带休闲农业开发与利用工程研究中心

2022年5月29日，湛江市南亚热带休闲农业开发与利用工程技术研究中心经湛江市科学技术局认定批准建设，旨在为湛江培养出一支高水平的研发队伍，强化休闲农业作物品种筛选与模式研究，选育一批适合湛江市休闲农业产业发展的新作物品种，形成独具湛江特色的休闲农业发展模式；开展休闲农业政策研究与规划设计研究，实现湛江市休闲农业的标准化和规范化；加快高附加值科技创新休闲产品的开发与推广，提升休闲农业产业的经济附加值。充分开发利用湛江市的海洋及热带亚热带物种资源，调整和优化农业结构，拓宽农业功能，延长农业产业链，发展农村旅游服务业，促进农民转移就业，增加农民收入，为湛江乡村振兴建设创造较好的经济基础，为湛江建设现代化沿海经济带重要发展极和省域副中心城市提供三产联合的重要支持。

12. 湛江市热带作物秸秆高效循环利用工程技术研究中心

根据《关于组织开展2023年度湛江市工程技术研究中心认定工作的通知》（湛科〔2023〕13号）工作部署，湛江市热带作物秸秆高效循环利用工程技术研究中心于2023年7月正式获批（湛科〔2023〕84号）。湛江市热带作物秸秆高效循环利用工程技术研究中心是一个集基础研究、技术研发、成果转化、国际交流和人才培养于一体的专业型研究平台。该中心由25位专业技术人员组成（中级以上职称人员占比72%），人员专业涵盖多种学科，拥有科研仪器设备原值2 654.43万元，其中20万元以上仪器设备70余台（套）。近三年，在热带作物秸秆综合利用领域发表高水平论文10篇；授权专利12件（发明专利5件）；获软件著作权2件；获得中国热带农业科学院科技创新奖一等奖1项、广东省农业技术推广奖二等奖1项；出版《热带作物秸秆综合利用技术》著作1部，获得秸秆双级发酵有机肥、园艺基质新产品2个，研发秸秆粉碎打捆机、有机肥施肥机新设备2台。与广东湛江正大猪业有限公司、湛江市正融农业专业合作社等单位联合获得标志性成果3项，为贵州遵义、湛江遂溪、海南临高等地方政府及四川攀枝花、广西扶绥的企业提供农业废弃物资源化利用成套技术方案。中心实行"共同组建、分工协作、资源共享、开放、联合、流动"的运行机制，以提升热区农业作物秸秆综合利用率、实现秸秆高效循环利用、助力农业农村固碳减排战略需求为目标，创新开展秸秆高效收集离田技术、秸秆和畜禽粪污混合发酵气肥联产技术、秸秆材料化利用技术及装备研发，力求形成可持续、可复制、可推广的热带作物秸秆高效循环利用工程技术模式。

13. 中国热带农业科学院休闲农业研究中心

2011年2月，中国热带农业科学院休闲农业研究中心正式挂牌成立。中心的主要任务是：组织开展休闲农业产业发展战略、发展规律、发展模式、管理机制等研究；创新、集成和推广休闲农业技术成果，建立休闲农业产业技术体系，增强休闲农业支撑保障能力。截至目前依托该中心获批资助科研项目20余项；申请发明专利10余件，实用新型专利20余件，外观设计专利10余件；开发科技创新产品50余种，为休闲农业发展提供产业技术支撑。

14. 中国热带农业科学院热带旱作农业研究中心

2012年11月2日，中国热带农业科学院旱作节水研究中心申请筹建，2016年11月10日，中心获得热科院批准建设（热科院科〔2016〕167号）。2016年获得热科院旱作节水科技创新团队项目和农业部旱作节水重点实验室开放项目资助。2017—2019年，连续三年依托该平台举办热带旱作节水学术交流会。

15. 中国热带农业科学院南亚热带作物研究所循环农业研究中心

2018 年 9 月 27 日，中国热带农业科学院南亚热带作物研究所循环农业研究中心申请筹建，2019 年 10 月 12 日获得南亚所批准建设（南亚所、湛江站所站务会会议纪要第 24 期）。

中心主要从旱田复合种养、水田复合种养、废弃物利用、果园立体种养、草畜一体化五个研究方向开展相关技术的研究、设备的研制、模式的集成、项目的示范、成果的推广。中心的建立和取得的成果为实现农业废弃物的高效利用和农产品的高效生产、农业生产过程的机械化和智能化水平提高打下基础，为热带生态循环农业的大面积示范推广提供技术支撑，为提高农村经济发展水平提供新思路、新方法，同时对提高南亚所在循环农业研究方向的影响力具有积极的作用。

四、创新基地

1. 中国热带作物学会园艺专业委员会

中国热带作物学会热带园艺专业委员会于 1991 年 4 月 8 日成立，2016 年 4 月更名为中国热带作物学会园艺专业委员会（中热学字〔2016〕16 号），主要职能为组织开展园艺专业领域学术交流、技术培训等。第一届主任陈作泉，第二届主任肖邦森，第三、四届主任孙光明，第五届主任谢江辉，第六届主任杜丽清。

2. 国家农业科技创新与集成示范基地

2014 年，农业部科技教育司组织开展了“国家农业科技创新与集成示范基地”（以下简称“创新基地”）遴选工作。在综合考虑基地现有条件、产学研结合程度、主导产业区域布局以及特色产业发展等因素的情况下，从全国 34 个省（自治区、直辖市）的研究单位和有关企业推荐的共 234 个创新基地中，研究筛选出了 100 个较优秀的创新基地。南亚所作为主体建设单位被列入创新基地建设，根据建设需求，将联合热科院农产品加工研究所、热科院农业机械研究所、雷州市农业局和湛江市农业局共建单位，组建一支由农业科技创新单位、农技推广单位、广东省伊齐爽食品实业有限公司共同参与的专家团队，对基地农业产业发展、科学技术试验示范等方面工作进行科学规划和日常指导。创新基地将综合考虑我国农业区划和农牧渔优势产业布局，优先依托国家现代农业示范区、现代农业产业技术示范基地、粮棉油糖高产创建整建制推进试点县和粮食增产模式攻关试点县、美丽乡村创建试点村（镇）、新型职业农民培育试点县等现有基地资源，力争建设成为区域代表性强、产业链条完整、生态循环农业有特点的农业科教样板。

3. 国家土壤质量湛江观测实验站

国家土壤质量湛江观测实验站依托南亚所建设，位于广东省湛江市麻章区南亚所基地，2019 年经农业农村部批准正式建设（农办科〔2019〕28 号），土壤类型为砖红壤。长期开展热带作物不同优化施肥模式、水肥一体化、土壤质量提升等长期定位监测工作，在热带果园（菠萝/香蕉/红橙）土壤质量监测方面积累了较强的数据和土壤样品资源，具有明显的区域和资源优势，现有长期定位监测场地 3 块，储备用地 5 块。实验站观测监测用地 80 亩以上，全部为国家无偿划拨给依托单位科研和建设用地。实验站有固定人员 12 人，其中中高级职称人员 5 人、固定技术人员 9 人；仪器设备 35 台（套），总价值 800 多万元；办公用房和实验用房面积 400 多平方米。实验站可观测参数数量 18 项，年上传观测数据 2 次，年上传观测数据 83 个。

4. 国家农业绿色发展长期固定观测湛江试验站

国家农业绿色发展长期固定观测湛江试验站依托南亚所建设，位于广东省湛江市麻章区南亚所基地，于 2020 年经农业农村部批准正式建设（农办规〔2020〕34 号）。建设国家农业绿色发展长期固定观测试验站是农业绿色发展先行先试支撑体系建设的重要内容，是推进农业绿色发展科学化的重要基础性工作。试验站在广东西部和广西南部同步开展农田生态系统观测，获取农田小气候及水热通量数据集，研究作物生育期、农艺性状、经济性状与环境因子的互作规律，构建新植作物生长发育与产量构成响应环境因子的模拟模型，通过有效的光、温、水累计量描述新植作物生长发育进程并估算新植作物产量。

5. 华南农业大学湛江荔枝龙眼农科教合作人才培养基地

2012 年 1 月 12 日，华南农业大学湛江荔枝龙眼农科教合作人才培养基地申请筹建，2012 年 4 月 5 日，华南农业大学湛江荔枝龙眼农科教合作人才培养基地获得教育部和农业部批准建设（教高厅函〔2012〕17 号）。基地以国家荔枝龙眼产业技术体系为平台，依托南亚所建立的农科教合作人才培养基地，通过高校与试验站结合建立产学研基地，充分发挥高校和科研院所的各自优势，有效培养荔枝龙眼产业相关技术和管理人才，进而辐射和惠及相关产业。

第三章 科技创新

第一节 各种作物研究概况

一、澳洲坚果研究

筛选出早结优株，选育易成花、早成花的澳洲坚果优良株系 3 个。其中，G450 优株种植后一年挂果。登记的 OC、922 澳洲坚果品种进入广东省主导品种目录，部分品种在西藏试种表现良好。在澳洲坚果种质资源鉴定评价及创新利用方面，持续开展澳洲坚果种质资源观测分析与鉴定评价，完成了部分资源成年树的抽梢生物学特性、果实表型多样性、种质资源数量分类研究，完成了 69 份种质花穗图片采集，133 份种质叶面积测定，108 份种质果壳厚度测定，163 份种质果仁粗脂肪含量测定，进一步完善了种质资源鉴定评价数据。

完成 189 份资源的重测序采样工作，共获得 2 128.7G 数据量，平均 Q30 为 92.3%，碱基质量值为 30% 以上，获得了质量较高的测序数据，使用 BWA、SAMTOOLS、GATK 软件进行单核苷酸多态性（SNP）标记鉴定，最终获得高质量 SNP 标记 7 516 210 个，同时，开发精准的简单重复序列（SSR）标记 10 个。初步明确 *MiFATA1* 基因在澳洲坚果果仁高不饱和脂肪酸合成中的重要作用，基于双荧光素酶的 *MiFATA1* 启动子结构分析，明确 *MiFATA1* 启动子的−514 bp/0 bp 处启动子活性最强，为澳洲坚果油脂合成调控网络机制研究奠定基础。

通过分析生产上 3 个主栽品种果实成熟期间内果皮颜色、果仁品质变化规律，并运用主成分分析法预测其最适采收期，预测了南亚 2 号最适采收期为 8 月下旬，南亚 3 号为 9 月上旬，922 为 8 月下旬，为生产上澳洲坚果果实成熟采收提供了科学参考。研发出一种提高澳洲坚果整仁率的烘烤方法，明确了鲜果经过特定短时高温处理和冷却后，再进行干燥处理，可显著降低粘壳率、提高整仁率，整仁率最高达 87.91%，粘壳率仅为 8.17%，为获得高品级澳洲坚果果仁提供技术支撑。

二、菠萝研究

在菠萝新品种选育方面，获得新品种权的品种 10 个，热农 8 号、热农 17 号和热农 56 号 3 个品种通过广东省非主要农作物新品种评定，并在广东区域开展示范推广并取得初步成效。开发了可用于菠萝种质资源分子鉴定的 186 个 SNP 标记，构建种质资源指纹图谱，利用开发的 SNP 标记，对杂交群体后代真实性鉴定发现：真杂种率为 78.47%～99.34%，明确"套袋＋去雄法"能显著提高真杂种效率。开发了菠萝 40K 液相芯片，可高效准确地对菠萝种质资源进行区分。明确了甲基磺酸乙酯（EMS）诱变菠萝愈伤组织的适宜浓度和时间，建立了基于菠萝离体再生体系的 EMS 诱变方法。

制定了菠萝水心病分级标准及水心病种质鉴定方法，筛选出评价菠萝抗水心病的关键指标和诱导水心病发生的关键因子，初步明确果实生长发育期喷施赤霉素和成熟前 1 月内进行低温处理可能是诱导水心病发生的关键因子，明确了花后 60～67d 是菠萝水心病形成的关键期。挖掘了与水心病发病相关的转录因子 MYB63、MYB109、WRKY6 和 WRKY75 并对其功能进行初步鉴定，发现 *MYB63* 基因在不同组织中均有表达，其中在嫩根、茎和果柄中表达量较高，其他组织中表达量较低。*MYB109*、*WRKY75* 和 *WRKY6* 基因均在果柄中表达量最高，*WRKY75* 和 *WRKY6* 基因在菠萝果肉中表达量很少。*MYB63* 基因定位在细胞核和细胞质，*MYB109* 和 *WRKY6* 基因定位在细胞核，*WRKY75* 基因定位在细胞质。

开展了菠萝种质果实糖风味的评价，对 42 份种质进行初生代谢组学分析，共获得 17 种糖类物质，明确了苏阿糖、松三糖和岩藻糖可以作为种质资源分类的标志物，菠萝成熟果实的可溶性糖与总悬浮固体和岩藻糖显著相关。利用代谢组和转录组测序，共获得 423 个差异基因，其中 26 个糖代谢相关的基因差异显著表达，分别富集在淀粉—蔗糖代谢途径、果糖—甘露糖代谢途径和半乳糖代谢途径，挖掘有关菠萝糖分积累的关键基因 21 个（包括 *SWEET*、*SUT*、*INV*、*SPS* 等）、柠檬酸代谢关键基因 19 个（包括 *Aco*、*GAD*、*NADP-IDH* 等），初步解析了菠萝果实不同发育阶段糖酸性状形成机制。

利用基因组甲基化测序（BS-seq）技术对易催花的菠萝性状进行初步定位，获得 4 个与易催花性状相关的 QTL，总长度为 13Mb，包含 1 103 个基因；通过差异代谢物和差异基因关联分析筛选出乙烯利诱导菠萝成花过程中的候选基因 *AGL9*、*ETIL3*、*AP2*、*ANT* 和 *SS2*，揭示了菠萝 *SPL* 基因家族各成员在菠萝成花不同阶段的作用，初步建立乙烯利诱导菠萝成花的调控网络。建立了菠萝原生质体瞬时表达体系，从 DNA 水平检测基因编辑效率，构建了 *AcINH3* 与 *AcCWIN1* 基因的 CRISPR/Cas9 编辑载体，并转化菠萝抗性愈伤，获得 43 株抗性苗，初步完成了菠萝基因编辑技术体系的构建。

在菠萝高效栽培研究方面，优化了乙烯利及电石在春季对不同菠萝新品种进行高效催花的配方，研发了菠萝防裂果叶面肥配方并获批国家发明专利，显著降低了菠萝裂果。研究了 N、P、K、Ca、Mg、Fe 元素对金菠萝叶片扦插苗生长的影响，明确了 5%N ＋ 8%

P + 8%K + 8%Ca +2%Mg + 2%Fe 对金菠萝扦插苗生长效果最佳。同时，针对菠萝自然开花难的问题，研发出采用 20～100mg/L 乙烯利+0.04%碳酸钙一次成花技术，显著提升了菠萝开花整齐度，解决了菠萝产期调节的难题。该项技术和菠萝叶芽扦插快速育苗技术被选为 2021 年广东省农业主推技术。

三、荔枝龙眼研究

持续开展特早熟荔枝和优质荔枝的杂交育种工作，获得一批表现特异性状的杂交苗，荔枝新品种迟美人通过广东省农作物品种审定委员会登记并初步示范推广。该品种树势壮旺，树型开张，果实在广州地区 7 月上中旬成熟，果实正心形，果皮红色，果肉蜡白色，肉质细嫩，清甜微酸，有微香。平均单果重 58.2 克，果皮厚度 1.28 毫米，可食率 77.3%，可溶性固形物含量 17.5%，总酸含量 1.92 克/千克，总糖含量 16.8%，还原糖含量 11.1%，每 100g 果实含维生素 C 含量 48.7 毫克。

完成了荔枝雄性不育系 MS1 的鉴定，初步明确荔枝雄性不育系 MS1 败育关键时期为小孢子母细胞形成期，且 MS1 花药败育特性不受高温影响。基于基因组数据库对泛素结合酶基因家族进行分析，共鉴定了 38 个荔枝 *UBC* 基因（*LcUBCs*），初步筛选并明确了 *LcUBC23* 在花穗发育和果实成熟衰老过程中起重要作用，不同品种果实成熟期中 *LcUBC23* 在妃子笑中的表达量最高，无核荔次之，桂味表达量最低，推测 *LcUBC23* 与果实的耐储性具有一定相关性。

在龙眼研究方面，通过龙眼种内杂交和龙眼与荔枝属间杂交，获得了一批优异的龙眼新种质，创建了龙眼种属间杂交、自交、实生等 8 个群体，筛选并优化出花药愈伤组织分化的培养基配方，不定芽诱导率高达 80%，并获得一定数量的胚状体，初步建立了龙眼花药培养技术体系。基于基因组重测序数据，对 210 份龙眼种质特异性状的遗传变异情况进行了分析，开发了一批高特异性的分子标记，组装获得了高质量的红皮龙眼参考基因组，并对基因组进行了基因结构和功能注释，揭示了红皮龙眼的起源、演化及特异性状的遗传分化特征。基于全基因组 SNP 标记数据，通过群体结构分析，确定了云南—缅甸热带雨林山区为龙眼的原始起源中心，海南岛为次生中心，利用全基因组关联分析，获得了龙眼最主要的果实品质性状、可溶性固形物含量和单果重的多个重要候选基因。利用测序的红皮龙眼基因组和龙眼自然群体基因组重测序数据，开发了 4 个鉴定红皮龙眼的 INDEL 分子标记，构建了快速鉴定红皮龙眼的技术体系。挖掘获得参与花色苷生物合成调控的关键转录因子 DlMYB113，并揭示了 DlMYB113 具有正向调控花色苷合成的功能，开发了能在红皮龙眼和石硖龙眼杂交后代中鉴定红皮龙眼的 *myb113arms* 功能标记。

四、剑麻研究

持续深入开展剑麻种质资源鉴定评价，完成了多个组合的杂交工作，种质创新与新品种选育获重要进展，获得丰产性状种质15份，纤维细木质素含量低品系1个、粗纤维品系1个、高纤维率高皂素含量品系2个，发根能力较强种质4份，耐低钾种质2份和钾敏感型种质2份，培育抗病新品种1个，创制优良新品系2个，构建抗病杂交后代群体1 500多份。以茎尖愈伤为诱导构建了剑麻植株再生体系和遗传转化体系，以剑麻花药为外植体成功诱导出胚性愈伤组织并成苗，筛选出稳定的组培繁殖配方，有效克服了组培苗玻璃化现象，形成了组培快繁关键技术，通过基因克隆和遗传转化获得一批转化植株，推动剑麻育种工作持续开展。此外，完成了57份龙舌兰属种质资源的倍性鉴定并开发出剑麻SSR分子标记技术。

首次完成了剑麻全基因组测序，利用高通量染色体构象捕获技术（Hi-C测序）数据，对组装的剑麻基因组分群，获得30条染色体信息，完成剑麻基因组的注释分析，推进剑麻优异基因挖掘和高效育种技术平台构建工作。制定了剑麻育种技术标准2项，建立了剑麻种质资源鉴定评价和育种技术体系，实现了国内剑麻种质资源鉴定评价和育种规范化。通过对剑麻与烟草疫霉间相互作用蛋白的筛选与鉴定，完成烟草疫霉转录组研究；开展烟草疫霉CRN效应蛋白对剑麻的致病机理研究，克隆了13个*CRN*基因全长互补DNA（cDNA），研究剑麻抗病相关基因*AhPGIP*的功能。系统分析了剑麻皂素合成途径关键酶基因在剑麻不同组织及不同麻龄叶片中表达情况，筛选到在叶中特异高表达的两个关键酶基因。完成剑麻4个MYC类转录因子的克隆和测序验证，构建了基因沉默（VIGS）载体，对剑麻紫色卷叶病阳性转化植株178株进行了大田培育，经初步验证获部分外源抗虫转化植株。从28个CRN效应蛋白中，鉴定到一个诱导细胞程序性死亡的CRN效应蛋白（PnCRN0793），发现8个抑制细胞程序性死亡的CRN效应蛋白。对300份杂交群体开始构建遗传图谱工作，为开展剑麻单倍体育种研究奠定基础。

五、优稀果树研究

新收集木奶果、蛋黄果、嘉宝果、番荔枝等热带果树资源84份并对其生物学性状进行观察，初步建设了国家热带优稀果树资源圃管理物联网系统，显著提高了资源保护质量、资源圃的管理水平和种质资源利用效率。开展热带果树种质资源保存技术研究，以澳洲坚果带腋芽茎段、叶片、不带腋芽茎段、去壳果仁四种外植体分别建立澳洲坚果组培再生体系，获得澳洲坚果茎段生根培养基配方和愈伤组织增殖、胚性愈伤组织诱导配方。以菠萝不定芽、愈伤组织的诱导与增殖为目标，在外植体选择、培养基配方、污染率控制等方面取得阶段性进展并获得一定数量的愈伤组织。开展不同番荔枝外植体消毒、愈伤组织诱导研究，确定了幼嫩叶片和叶柄的消毒技术，获得了番荔枝愈伤组织诱导技术，以上保存技术研究为热带果树长期、高效和安全保存提供了重要的技术支持。开展了不同种番荔枝开花节律及授粉生物学特性研究，明确了番荔枝花粉离体保存最长授粉时限。以番荔枝不裂果和番石榴果实品质等性状为育种目标，分别构建番荔枝和番石榴杂交群体各2个，均已获得一定数量的杂交F_1代幼苗。

完成了AP番荔枝基因组的测序和组装。获得叠连群（contig）级别的组装本并进一步组装到染色体水平，成功获得两套单倍型基因组，为番荔枝研究进入分子水平奠定了良好基础。同时，明确了番荔枝β-淀粉酶基因 *BAM3* 定位在叶绿体和 *BAM3* 基因启动子的核心调控区域。成功构建番荔枝果肉冷处理酵母单杂文库，筛选到与 *BAM3* 启动子结合的若干蛋白，其中转录因子2个。

六、芒果研究

通过杂交筛选芒果优质、高抗、广适优良新株系多份，获得新品种保护权18个，通过全国热带作物新品种审定委员会登记新品种1个。完成100余份种质和杂交后代果实的图谱拍摄工作并编著《芒果种质资源图谱》1本。完成了196份芒果资源果实果形和香气性状分析，明确了不同香型芒果的代谢挥发物种类差异并筛选出优异候选种质6份，为后续香味品质改良奠定了良好基础。采用重测序技术对224份芒果种质进行了基因组测序，分析了资源的遗传多样性、群体结构和驯化关系，初步获得了与芒果成花能力、单果重和果实香气相关的SNP位点和基因，完成了200余份芒果资源的SSR指纹图谱构建，解析了芒果种质资源群体结构及其遗传多样性。

在芒果成花研究方面，通过转录组和代谢组联合分析，明确了基因 *FT* 和 *CO* 与它们的上下游调节因子或抑制因子的相互作用可调节开花的稳健性，赤霉素（GA）和生长素的生物合成和信号传导在芒果开花中具有重要作用，解析了芒果成花难易的分子机理，对芒果育种和栽培具有重大意义。在此基础上，研发了高温条件下芒果新型成花调控技术，开发新型药剂亚精胺（SPD）可显著促进芒果成花，主要通过降低赤霉素的生物合成同时激活脱落酸（ABA）的生物合成和信号转导进而调控芒果成花。研发了芒果抗逆应变保花保果技术，建立了一种低温胁迫下促进芒果花粉活力、柱头可授性及坐果的方法。明确了活性物质A和B（不公开）的单剂和复配剂对芒果坐果的影响并筛选出显著促进芒果坐果的最佳复配组合比例，相关技术已申请发明专利。

开展了晚熟芒果化肥减施增效单项技术评估与集成熟化研究，对攀枝花成龄芒果园土壤肥力进行了评价，明确了pH、碱解氮、有效磷、有效铁和有效锌是影响果园土壤肥力水平的限制性因子。首次提出攀枝花山地陡坡果园根域局部化肥过量是诱导芒果果肉溃败的关键因素，明确了果胶甲酯酶基因 *MiPME44* 上调表达降低了果肉细胞壁果胶甲酯度，促使细胞壁中钙过量积累而导致果肉溃败。

采用转录组分析和靶向代谢组学方法，研究芒果果肉糖积累的分子机制，初步明确D-葡萄糖是最主要的糖代谢产物。鉴定出216个与糖代谢有关的基因，推测MYB和NAC等转录因子在蔗糖转运、代谢和生物合成中发挥了重要作用。进一步明确了芒果碳水化合物及其代谢相关酶关键调控因子的生理机制。成功定位到葡萄糖、果糖、蔗糖、苹果酸、柠檬酸等单糖和单酸的主效数量性状基因座（QTL）16个，表型变异解释率达到17%；克隆了相对表达量存在显著差异的果糖激酶合成关键基因 *MiFRK1* 和 *MiFRK2*，

明确了 *MiFRK2* 的基因功能，为芒果糖品质分子定向育种奠定基础。

在果实品质色泽调控及机理研究方面，克隆和鉴定了芒果果肉类胡萝卜素合成关键基因 *ZEP* 的启动子序列及表达活性，同时利用酵母单杂交系统，筛选出可能与 *ZEP* 基因启动子互作的转录因子 bZIP，证实了转录因子 bZIP 可以物理结合并激活 *MiPSY2* 的表达，明确了 *MiPSY2* 的差异表达是导致品种间 β-类胡萝卜素含量差异的主要因素。

基于近红外光谱技术开发了便携式无损探伤检测装置，利用 MFC 编程平台编写了人机交互软件，有望实现芒果果实内部生理性病害的简单、精准检测。初步研制出小型化芒果清洗机和运输分拣平台，试运行效果良好。

七、茄子研究

在茄子育种技术方面，优化了茄子杂交流程，杂交坐果率提高至 95%以上，筛选优良杂交组合 6 份。建立了茄子高效定向育种体系，初步构建了茄子分离体分组混合分析（BSA-seq）＋竞争性等位基因特异性 PCR（KASP）分型快速 QTL 定位体系，开展茄子果色、青枯病抗性、花数量、果型和开花期等重要农艺性状的 QTL 定位研究，构建作图群体 2 个，开发了原创性的分子 SNP 标记 135 个，与传统的 SSR 等分子标记技术相比，提高检测效率 3 倍以上，为茄子分子标记设计育种提高育种效率奠定了良好的基础。

在种质资源鉴定方面，建立了茄子青枯病抗性室内鉴定和田间鉴定体系，与传统根据表型判断青枯病抗性相比，基于绿色荧光蛋白（GFP）标记的抗性鉴定体系能够高效、准确地鉴定抗病和易感病材料。此外，建立了基于高光谱成像的茄子果皮花青素无损检测模型、茄子耐热分级模型以及茄子果型分析模型。为高通量茄子种质资源的鉴定和分子机制解析奠定了基础。

对茄子节位花序数量、果形指数、果实长度、果粗、始花期、果色和青枯病抗性等重要经济性状的主效 QTL 进行了初步定位，以 EMS 白果突变体为研究材料，利用转录组测序技术（RNA-seq）和实时荧光定量 PCR（qPCR）技术鉴定了花青素合成的结构基因和转录调控因子，初步构建了茄子花青素生物合成途径，阐明茄子果皮花青素合成机理，为后期开展茄子分子定向育种奠定基础。

八、马铃薯研究

保存马铃薯种质资源 308 份，育成高代品系 4 个，选育出抗晚疫病的株系 171 份、高代品系 14 个。以马铃薯产业主栽品种为对象，采用四因素二次回归正交旋转组合设计，开展了种植密度、氮肥施用量、磷肥施用量、钾肥施用量 4 因素对马铃薯产量影响的研究，明确了 4 因素对产量的影响大小依次为种植密度、氮肥施用量、钾肥施用量、磷肥施用量，并确定了各品种产量大于 2 500 千克/亩的综合农艺措施的范围，为马铃薯高产提供了技术支撑。

系统分析了马铃薯57个*StGATAs*家族基因和15个*StMAPKs*家族基因在高温胁迫下的表达模式，筛选得到与耐热相关的*StGATA2*和*StMAPK1*基因并明确2个基因所编码的蛋白定位均在细胞核。明确了高温条件下，*StGATA2*和*StMAPK1*均通过提升马铃薯植株体内超氧化物歧化酶（SOD）、过氧化氢酶（CAT）和过氧化物酶（POD）的活性并降低过氧化氢（H_2O_2）含量来增强马铃薯的耐热性。同时，*StGATA2*和*StMAPK1*还增加了脯氨酸含量并减少丙二醛的含量以保证热胁迫下细胞膜的稳定性。此外，2个基因还增强了蒸腾速率和光合作用，降低了气孔导度。总之，*StGATA2*和*StMAPK1*主要通过提升马铃薯植株体内CAT活性、保持细胞膜稳定性并增强植株光合作用来提升马铃薯耐热性。

九、香蕉研究

对收集的300余份新香蕉资源进行了精准鉴定和评价，利用杂交技术培育香蕉新品种，获得香蕉新品种保护权8个，获得部分杂交苗并进行了真假杂种鉴定。完善了金龙蕉胚性细胞悬浮系的建立条件，初步摸索出了从EMS到体胚的诱导与成熟、芽的分化等过程所适宜的培养基，解决了悬浮细胞培养再生植株的技术难题，获得约100个再生芽且再生体系可重复性好。成功构建了香粉1号愈伤组织再生体系、玫瑰蕉胚性细胞悬浮系，成功转化基因20个，获得转基因苗100余株。明确了番茄红素β-环化酶是香粉1号香蕉中类胡萝卜素合成关键酶，且该关键酶与类胡萝卜素合成的转录因子有显著相关性。

在香蕉枯萎病的防控方面，研发合成了二氧化硅纳米农药（MSNs），对香蕉枯萎病菌4号小种（Foc4）有良好的抑制作用并显著提升香蕉植株的抗病性，为研制新型防控香蕉枯萎病农药奠定基础。筛选出对Foc4有较强拮抗效果的链霉菌FS-4菌株并对其抑菌机理进行了初步研究，发现FS-4菌株可诱导几丁质降解酶的激活，引起Foc4细胞壁的损伤，增加Foc4细胞膜的通透性，破坏细胞膜结构。此外，它可显著抑制线粒体呼吸链复合酶Ⅲ、ATP合成酶和琥珀酸脱氢酶的活性，诱导Foc4细胞发生氧化应激和凋亡。

十、甘蔗研究

通过杂交育种技术，配置杂交组合260余份，筛选优良株系50余个，获得甘蔗新品种保护权5个，审定甘蔗新品种1个；扩繁优异种苗40余万株，在广东和广西区域性试验中表现良好。构建了甘蔗高光效与耐旱性评价体系，完成了多份重要甘蔗种质资源高光效与耐旱性的鉴定。通过多点测量、曲线拟合的方法建立叶片光量子效率与环境光温背景和土壤水分之间的关系，建立了基于光合表型的甘蔗干旱胁迫田间诊断模型，并用于高光效和耐旱甘蔗品种筛选鉴定。利用转录组学等手段初步揭示甘蔗干旱胁迫下基因的表达调控模式，为甘蔗分子辅助育种奠定基础。此外，开展甘蔗农机农艺融合技术研究，总结了一套适宜广东省的农机农艺融合技术模式并推广应用，该项技术入选广东省2023年主推技术。

第二节　重要研究项目简介

1. *SmTCP7a* 正调控茄子抗青枯病机理

主持单位：南亚热带作物研究所

主持人：肖熙鸥

项目来源：国家自然科学基金面上项目

研究起止时间：2019—2022 年

资助经费：60 万元

项目简介：青枯病是危害茄子产业的主要病害之一，而抗病品种的选育是防控青枯病最有效的手段。筛选调控茄子抗青枯病的关键基因，并且分析其调控机理，对选育茄子抗青枯病新品种有着重要的意义。TCP 转录因子是植物特有的转录因子，其广泛参与调控植物的生长发育、响应植物的生物和非生物胁迫。通过该项目的执行，分析了 *SmTCP7a* 基因调控茄子抗青枯病的分子机理，通过染色质免疫共沉淀技术（ChIP-seq）获得了 *SmTCP7a* 的下游靶基因。解析茄子 *SmTCP7a* 调控青枯病抗性的可能作用机理。

2. *SPL* 成员在乙烯诱导菠萝成花不同阶段的作用机制及信号网络解析

主持单位：南亚热带作物研究所

主持人：张红娜

项目来源：国家自然科学基金面上项目

研究起止时间：2019—2022 年

资助经费：60 万元

项目简介：外源乙烯可显著诱导菠萝的成花转变，且在生产上已广泛应用。SPL 基因家族在植物开花过程中扮演重要角色，但其在乙烯诱导菠萝成花转变过程中的作用机制尚不明确。通过本项目的执行，明确了 5 个关键 SPL 转录因子都具有促进成花的功能，其中 *AcSPL16* 促进成花的表型最为明显。通过 *AcSPL4* 和 *AcSPL16* 酵母双杂交文库筛选得到大量互作的蛋白，酵母双杂交点对点验证发现，*AcSPL4* 与 *ERF72* 和 *CRF4* 存在互作关系，*AcSPL16* 与 *PR4*、*ERF72*、*AcXTH9* 存在互作关系。酵母单杂交点对点验证发现，*AcSPL16* 的启动子可能受 *ERF72* 调控。表明乙烯信号可能通过 *AcSPLs* 不同成员来调控成花。该项目初步解析了 *SPL* 基因不同成员在乙烯诱导菠萝成花过程中的作用机制和调控网络。

3. 剑麻斑马纹病原菌效应蛋白 PnRXLR1 的致病机理研究

主持单位：南亚热带作物研究所

主持人：杨子平

项目来源：国家自然科学基金青年科学基金项目

研究起止时间：2019—2021 年

资助经费：25 万元

项目简介：烟草疫霉引起的斑马纹病是剑麻生产上的毁灭性病害之一。疫霉菌能分泌 RXLR 效应蛋白进入寄主促进侵染。前期分析接种烟草疫霉的抗病、感病品种转录组数据，获得 7 个差异表达的 RXLR 效应蛋白基因，它们在剑麻感病品种叶片中瞬时表达，发现 4926 号基因引起的症状最严重（命名为 *PnRXLR1*），提示 *PnRXLR1* 在烟草疫霉侵染剑麻的过程中发挥重要作用，但不清楚 *PnRXLR1* 的致病作用机制。项目采用 qRT-PCR 和亚细胞定位技术明确 *PnRXLR1* 致病时间和致病部位，通过在酵母和植物中表达 *PnRXLR1* 突变基因明确信号肽的分泌作用机制、C 端致病区段及关键氨基酸位点，过表达分析 *PnRXLR1* 对植物胼胝质沉淀、活性氧（ROS）产生和细胞死亡等防卫反应的影响，筛选剑麻中与 *PnRXLR1* 互作的靶蛋白。明确 *PnRXLR1* 介导的烟草疫霉对剑麻的致病作用，从而加深烟草疫霉对剑麻致病机制的认识，为培育抗斑马纹病剑麻新品种提供理论依据。

4. 菠萝诱变育种与优质新品种创制

主持单位：南亚热带作物研究所

主持人：陈晶晶

项目来源：国家重点研发计划

研究起止时间：2019—2022 年

资助经费：345 万元

项目简介：针对我国菠萝品种结构单一，种性退化严重，致使产业发展不稳定的突出问题，开展菠萝种质创新工作。收集菠萝特色种质资源，同时进行化学诱变育种，建立菠萝种质资源库，为后期菠萝育种工作提供育种材料支持与保障；通过常规杂交育种和基因编辑技术创制抗寒、丰产、优质等符合我国市场需求的优良新种质和新品种；开展短营养期菠萝的选育和种质创新工作，重点选育营养期较短、果实品质好且综合性状优良的菠萝新品种，并进一步探索短营养期变异种质早花性状的分子机理；针对菠萝自交不亲和导致杂交育种困难及育种周期长等难题，开发基因型鉴定及抗寒等重要性状相关的分子标记技术，用于菠萝杂交育种亲本配置和早期鉴定，加快种质检测，缩短育种时间。通过杂交、化学诱变、遗传转化、基因编辑等技术手段，进行菠萝优质、丰产、抗寒等新种质和新品种创制，提高菠萝育种技术水平，探明菠萝遗传规律。

5. 菠萝种质资源精准评价与基因发掘

主持单位：南亚热带作物研究所

主持人：吴青松

项目来源：国家重点研发计划

研究起止时间：2019—2022 年

资助经费：121 万元

项目简介：围绕菠萝种质资源本底不清、关键性状基因资源缺乏及遗传基础狭窄等关键科学问题，通过对保存的菠萝种质资源果实品质（色泽、风味物质）、果眼深度、抗逆性（抗水心病和耐低温）等性状进行相关形态、生理、抗性及次生代谢表型精准评价及基因多态性解析，筛选和发掘出色泽红艳、甜味浓厚、果眼浅平、耐低温或抗水心病等优异种质材料；通过全基因组、代谢组、转录组、蛋白组等多组学关联分析筛选目标性状相关基因，利用基因编辑和稳定转化等技术进行功能鉴定，筛选获得调控目标性状的关键基因，为进一步开展菠萝果色、风味、果眼、耐寒和抗水心病等种质创制研究与应用提供种质材料和基因资源。

6. MYB46 转录因子调控香蕉果肉类黄酮生物合成的机理解析

主持单位：南亚热带作物研究所

主持人：胡会刚

项目来源：广东省自然科学基金面上项目

研究起止时间：2019—2022 年

资助经费：10 万元

项目简介：类黄酮具有抗氧化、抗癌等重要功能，MYB 转录因子与类黄酮生物合成密切相关，目前 MYB 对香蕉类黄酮生物合成的调控机理尚不清楚。该项目以一种富含类黄酮的特色种质香粉 1 号香蕉为试验材料，利用酵母单杂交（体外）及烟草瞬时表达系统（体内）分析 MYB46 与 *CHS2*、*UFGT1* 等基因启动子结合情况，利用双分子荧光互补（BiFC）和酵母双杂交（Y2H）验证 MYB46 与 CHS2、UFGT1 等蛋白互作关系；构建过表达载体转化香粉 1 号香蕉，分析 MYB46 对愈伤组织的影响：包括类黄酮组分和含量变化，以及 CHS2、UFGT1 蛋白的表达，揭示 MYB46 在香蕉果肉类黄酮生物合成中的功能，为香蕉果实品质改良提供基础。

7. DNA 甲基化在菠萝体细胞无性系变异发生的作用

主持单位：南亚热带作物研究所

主持人：林文秋

项目来源：广东省自然科学基金面上项目

研究起止时间：2019—2022 年

资助经费：10 万元

项目简介：DNA 甲基化是引起体细胞无性系变异发生的重要原因。项目以菠萝单个体细胞胚再生植株为材料，进行以下研究：结合生物学性状分析结构变异（SV）植株的 DNA 甲基化水平及模式变化，明确 SV 与 DNA 甲基化的关系；筛选 DNA 甲基化转移酶关键基因，超表达和编辑 DNA 甲基转移酶基因后统计再生植株的变异率与 DNA 甲基化变异情况，分析 DNA 甲基化水平升高或降低后对 SV 的影响。通过上述研究明确 DNA

甲基化修饰在菠萝 SV 发生的作用机制。本项目的实施有助于揭示菠萝体细胞胚再生途径中 DNA 甲基化与 SV 发生的作用机制，为调控 SV 的发生频率提供依据。

8. 调控龙眼单果重性状关键基因的挖掘及功能解析

主持单位：南亚热带作物研究所

主持人：石胜友

项目来源：广东省自然科学基金面上项目

研究起止时间：2019—2022 年

资助经费：10 万元

项目简介：商品果实偏小严重削弱了我国龙眼产业在国内外贸易中的竞争力，加速培育大果型优质新品种是解决此问题的关键。项目前期以 190 份凤梨朵（小果）×大乌圆（大果）F_1 群体和 220 份龙眼资源群体为材料，应用 QTL 和全基因组关联分析（GWAS）相结合的策略，初步解析了单果重的等位变异，发现位于 8 号和 10 号染色体上共 5 个 SNP 与单果重显著相关，推测是影响单果重形成的关键位点。对这些 SNP 所在的基因或其两侧邻近的基因（如果 SNP 不在基因内部）进行分析，挖掘控制龙眼单果重的关键基因，应用生物信息学分析及亚细胞定位等实验解析其功能，在大/小果品种（系）中比较其表达水平，同时构建超表达载体转化番茄验证其对果实大小的调控效应。利用酵母单/双杂交技术对基因的调控因子和互作蛋白进行筛选，并对其功能和作用模式进行研究，揭示龙眼单果重的分子调控机制，研究结果将为开展分子辅助育种加速培育大果型优质龙眼新品种提供基础材料和科学依据。

9. 基于 QTL 定位的芒果果实糖酸品质性状分子遗传机制解析

主持单位：南亚热带作物研究所

主持人：梁清志

项目来源：海南省自然科学基金创新研究团队项目

研究起止时间：2019—2021 年

资助经费：48 万元

项目简介：项目对芒果糖酸品质遗传规律及连锁标记进行研究，构建了金煌×爱文芒果杂交 F_1 代群体，对亲本和 176 个 F_1 代单株进行了初步性状鉴定，发现后代存在糖酸含量正态分布。以此群体为材料，采用简化基因组测序技术对亲本、F_1 代单株进行简化基因组测序，筛选多态性 SNP，构建高密度遗传图谱。在此基础上，结合 F_1 代糖酸品质数据的遗传分析结果，实现芒果糖酸品质性状 QTL 定位，初步解析芒果糖酸品质分子遗传机制，定位和发掘与芒果糖酸品质性状紧密相关的目标基因，从而提高芒果品质育种效率。该分析体系有利于我国芒果遗传育种研究领域构建崭新的基因定位与资源发掘平台，具有理论与实践的双重意义。

10. 现代农业产业技术体系建设专项麻类体系岗位科学家经费

主持单位：南亚热带作物研究所

主持人：周文钊

项目来源：现代农业产业技术体系

研究起止时间：2019 年至今

资助经费：278.75 万元（2019—2023 年）

项目简介：围绕剑麻生产对品种的巨大需求，开展剑麻种质创新、新品种选育、剑麻多用途和资源循环利用等领域的研究与攻关，重点开展品种遗传改良和新品种选育技术研究，完善成果创新内容，解决了剑麻品种鉴定评价技术难题。通过对优良育种材料的深入鉴定评价，加速剑麻新品种培育和试验示范及配套技术的集成，同时推进剑麻高素质专业人才队伍的建设及剑麻科技服务和信息传播，为剑麻产业健康发展提供科技支撑。

11. 现代农业产业技术体系建设专项荔枝龙眼体系岗位科学家经费

主持单位：南亚热带作物研究所

主持人：石胜友

项目来源：现代农业产业技术体系

研究起止时间：2019—2021 年

资助经费：175 万元（2019—2021 年）

项目简介：项目开展龙眼育种技术创新与新品种选育工作。结合基因组测序，对复杂数量性状进行遗传剖析；根据市场趋势优选亲本，开展杂种后代遗传稳定性试验，加快复选优系的决选和中试示范，对高产稳产性等相关重要性状的资源进行精准评价。根据产区品种需求和生态气候特点，在全国各生态区开展区试，筛选出适应性强、性状品质优异、早中晚熟期适当配合的品种（系），为全国龙眼区划与规划工作提供科学依据。

进行土壤改良与养分管理技术优化、高光效树冠培养和管理技术等研究，优化龙眼栽培管理技术。在龙眼生态区建设新品种和新技术试验示范展示基地，形成科技成果转移转化平台，帮助提升龙眼生产者的技术水平，带动龙眼产业的发展。

12. 现代农业产业技术体系建设专项荔枝龙眼体系综合试验站站长经费

主持单位：南亚热带作物研究所

主持人：李伟才

项目来源：现代农业产业技术体系

研究起止时间：2019 年至今

资助经费：207.25 万元（2019—2023 年）

项目简介：国家荔枝龙眼产业技术体系湛江市综合试验站的服务区域为广东省湛江市和阳江市，一共 5 个示范县，品种结构不合理、优质荔枝品种比例偏低是该产区的主要问题。另外，失管果园及郁闭果园增多，果品质量下降。控梢促花、保果和裂果仍然是荔枝生产中的主要难点，优质荔枝品种的低产和产量不稳定现象依然存在，大小年现象突出。果园规模小，果园的基础设施落后，省力省工的农机设备应用率很低，果园抗逆境能力差，影响荔枝产量、品质的提高，使生产成本难降低、效益难提高。荔枝生产中肥料、农药等成本不断提高，人工短缺，导致荔枝种植效益较低，生产者再生产投入的积极性低。这些因素制约着该产区荔枝龙眼产业的发展。国家荔枝龙眼产业技术体系湛江综合试验站针对品种结构不合理、密闭果园产值低、优质品种开花保果难、病虫害防控难等产业问题和技术瓶颈，系统开展荔枝资源收集评价、低值果园改造、树体结构管理、促花保果、果实品质调控、产期调控和病虫害防控等研究，以期解决服务区域荔枝龙眼产业突出的技术问题，满足果农对荔枝龙眼产业提质增效的技术需求。

13. 现代农业产业技术体系建设专项香蕉体系综合试验站站长经费

主持单位：南亚热带作物研究所

主持人：胡会刚

项目来源：现代农业产业技术体系

研究起止时间：2019 年至今

资助经费：207.25 万元（2019—2023 年）

项目简介：香蕉已发展为我国华南地区农业结构调整中实现农业增收的主要高效益经济作物。湛江市香蕉产区是全国香蕉产区的重要组成部分，面积和产量均占全国的 1/10。湛江香蕉种植户在长期的生产过程中积累了丰富的经验，生产水平处于全国的中上游，蕉苗繁育、水肥共施、保叶护果等先进技术应用普遍。但是存在新品种推广面积少、枯萎病危害较多等问题，需要加强香蕉产业培训和新品种、新技术试验推广。

14. 番荔枝 β-淀粉酶基因 *AaBAM3* 在果实淀粉降解中响应低温的转录调控机制

主持单位：南亚热带作物研究所

主持人：陈晶晶

项目来源：国家自然科学基金青年科学基金项目

研究起止时间：2020—2022 年

资助经费：25 万元

项目简介：淀粉降解直接关系果实的软化和开裂，*AaBAM3* 是果实淀粉降解过程中主要的 β-淀粉酶基因，发现低温处理抑制果实中 *AaBAM3* 表达，这与在拟南芥叶片、马铃薯块茎中 *BAM3* 受低温诱导的结果相反。该项目通过克隆 *AaBAM3* 基因的启动子序列，分析顺式调控元件，建立冷处理下果肉酵母单杂交 cDNA 文库，利用酵母单杂交、回杂交，筛选与之结合的候选转录因子，从转录和蛋白水平对候选转录因子进行表达分析，利用凝胶迁移实验（EMSA）和 ChIP-qPCR 技术进行体外和体内验证，通过双荧光素酶体系研究其对 *AaBAM3* 的调控方式，从而探明 *AaBAM3* 在果实淀粉降解中响应低温的转录调控机制。该研究能够为高等植物果实淀粉降解的转录调控机制提供理论支持，还可为延长番荔枝果实货架期提供理论依据。

15. 芒果蔗糖代谢酶及关键基因协同表达模式分析

主持单位：南亚热带作物研究所

主持人：李丽

项目来源：国家自然科学基金青年科学基金项目

研究起止时间：2020—2022 年

资助经费：20 万元

项目简介：低糖味淡导致许多抗性优良的芒果品种失去商品价值。可溶性糖的主要成分蔗糖决定着芒果风味品质，但其代谢调控机制尚不清楚。该项目依托单位将高蔗糖型芒果与自主选育的低蔗糖型芒果品种杂交获得了 F_1 代群体，对果实发育过程中父本、母本和 F_1 代多个株系的果实可溶性糖组分含量、蔗糖代谢酶活性及其相关基因表达量进行跟踪测定。根据糖组分含量计算甜度值，并绘制亲代、子代甜度值分布图，判断该性状属于偏亲（父/母）、超亲还是中亲值遗传。以甜度值为因变量，各个酶活性和各个基因表达量为自变量，进行主成分分析、相关性分析、逐步回归分析，得到影响甜度值的蔗糖代谢关键酶和关键基因，并建立反映自变量对因变量作用方式的函数模型。研究结果揭示了芒果果实甜度性状遗传特征，锚定蔗糖积累关键酶、关键基因以及它们对甜度的作用方式，为芒果高抗种质遗传改良提供依据，具有理论与实践双重意义。

16. 热带作物增产节本增效栽培技术集成与示范

主持单位：南亚热带作物研究所

主持人：徐明岗

项目来源：国家重点研发计划

研究起止时间：2020—2022 年

资助经费：3325 万元

项目简介：甘蔗、橡胶、木薯、芒果和菠萝是我国主要热带作物，综合产值约占全部热带作物总产值的 70%，在我国热区农民增收、农业增效和农村经济发展中发挥着重要作用。然而，由于上述作物种植区域立地条件差、机械化程度低、生产成本高，同时技术集成度低、不协调、不配套，田间管理技术落后、产量不稳、综合效益下降，严重影响了产业的可持续发展。为此，项目围绕制约增产节本增效的核心问题，在对原有技术优化创新基础上，研发集成甘蔗健康种苗与肥药优化施用关键技术、橡胶树复合种植与刺激性割胶关键技术、木薯间套种及水肥药高效施用关键技术、芒果菠萝花期调控与周年供应关键技术、轻简化装备及农机农艺配套关键技术，构建省力降本和增产增效技术模式。以增产量、节成本、增效益为目标，按照“健康种苗和病虫害绿色防控增产量，轻简化农机及农机农艺配套降成本，水肥一体化及立体模式增效益”的研究思路，以“甘蔗——健康种苗、水肥药协同、农机农艺配套”“橡胶、木薯——复合种植、水肥药高效施用、智能机械化采收”“菠萝、芒果——花果调控、品质调控、省力化采收”等为重点，研发轻简化装备及农机农艺配套关键技术，集成优化五种作物增产节本增效技术模式。

17. 调控澳洲坚果 *MiFATA1* 基因表达转录因子的筛选与鉴定

主持单位：南亚热带作物研究所

主持人：杨倩

项目来源：广东省自然科学基金面上项目

研究起止时间：2021—2023 年

资助经费：10 万元

项目简介：项目开展澳洲坚果 *MiFATA1* 基因的功能分析，筛选调控 *MiFATA1* 基因的转录因子，分析转录因子对 *MiFATA1* 基因表达的调控作用及对不饱和脂肪酸合成（积累）的影响，明确 *MiFATA1* 基因在不饱和脂肪酸生物合成（积累）中的作用，阐明 *MiFATA1* 基因表达调控的分子机制，为油料作物遗传改良提供潜在的基因资源和理论依据。

18. 超疏水生物质纳米复合包膜控释肥设计及养分释放调控机制研究

主持单位：南亚热带作物研究所

主持人：王超

项目来源：广东省自然科学基金面上项目

研究起止时间：2021—2023 年

资助经费：10 万元

项目简介：生物质成膜存在耐水性差、力学性能不强、交联密度低等问题，限制了其在包膜肥料领域的使用。项目以废弃椰壳和天然矿质纳米材料埃洛石纳米管（HNTs）为原料，利用热液化技术和无介质成膜技术合成椰壳基聚氨酯（PU），通过硅烷化和磁化改性 HNTs，并将其与 PU 复合制备超疏水磁性 PU/HNTs 复合膜材，通过转鼓包膜工艺，外加磁场作用，以尿素颗粒为核芯，构建表面光滑、致密度较高的超疏水磁性生物基包膜控释肥料。系统研究原料组成比例和制备工艺条件对复合膜以及包膜控释肥料的结构影响，掌握其组成结构的调控方法；深入研究复合膜以及包膜控释肥料的组成结构及其理化性质、疏水性、交联密度、力学性能与控释性能的内在关系，获得综合性能优异的复合包膜材料和包膜控释肥料，明确其成膜和养分控释机制；通过盆栽试验，进一步对其农用可行性和安全性进行综合评价，本项目的研究为开发环境友好、价格低廉的包膜控释肥料提供了新的研究思路和理论支撑。

19. 芒果 F_1 代果实香气物质的遗传分析与 QTL 定位

主持单位：南亚热带作物研究所

主持人：马小卫

项目来源：广东省自然科学基金面上项目

研究起止时间：2021—2023 年

资助经费：10 万元

项目简介：香气是影响芒果果实品质性状的重要因素，改善香味品质是芒果育种的重要目标。挥发性 α-蒎烯等单萜烯类物质是芒果果实的特征香气化合物，但对其遗传机制不清楚。阐明芒果果实中香气物质的遗传机制，挖掘控制香气物质含量的关键位点及其连锁基因或分子标记，对指导芒果分子育种和选育高品质优良品种具有重要理论和应用价值。项目通过已构建的爱文×金煌 F_1 代群体，基于气相色谱-质谱联用（GC-MS）分析 F_1 代分离群体香气物质尤其是单萜烯类物质的遗传规律，利用全基因组重测序技术构建对应的高密度遗传图谱，通过关联分析对与单萜烯类香气物质代谢相关的 QTL 位点进行定位并开发 SNP 标记，并对主效基因和开发的 SNP 标记进行验证，以揭示单萜烯类物质的遗传规律及控制其合成的关键位点。该项目阐明了芒果香气物质含量的遗传控制基础，为未来开展芒果分子育种提供依据。

20. 荔枝香蕉等热带果树高效栽培与采后保鲜技术研究与示范

主持单位：南亚热带作物研究所

主持人：贾志伟

项目来源：广东省科学技术厅科技特派员项目

研究起止时间：2021—2022 年

资助经费：30 万元

项目简介：对接廉江良垌日升荔枝专业合作社、众升果菜专业合作社和其他荔枝、香蕉种植大户，先示范、再推广，根据实际生产果树管理需求举办技术培训活动，开展生态、有机、绿色农业科普宣传工作，助力广东省湛江市良垌镇乡村振兴。

21. 绿色多功能涂膜保鲜剂的创制及其在热带果蔬保鲜中的应用

主持单位：南亚热带作物研究所

主持人：李普旺

项目来源：海南省重点研发计划

研究起止时间：2021—2023 年

资助经费：50 万元

项目简介：果蔬富含维生素、矿物质和膳食纤维等成分，是人们日常膳食的重要组成部分。海南果蔬资源丰富，果蔬产业构成了当地的支柱产业。采后易腐烂变质是果蔬生产和流通过程中必须面临的巨大挑战，以天然高分子材料、植物精油、无机增强材料、防虫抗病剂等作为原材料，采用微囊化技术和有机高分子成膜阻隔技术，创制具有防虫抑菌多功能涂膜保鲜材料，并通过抗菌、气调、涂膜隔离和长效缓释等功能的协同作用实现安全高效的保鲜效果。

22. 椰子废弃物高值化循环利用关键技术研究与应用示范

主持单位：南亚热带作物研究所
主持人：黄小红
项目来源：海南省重点研发计划
研究起止时间：2021—2023 年
资助经费：50 万元

项目简介：针对海南花卉业发展对有机基质与日俱增的需求和传统基质中草炭资源枯竭的矛盾，以及椰子废弃物量大难处理、对环境污染严重等问题，利用椰子废弃物为原料，研究椰子废弃物高效预处理技术，揭示多层级结构的破坏解离机制及调控方法；研发草炭节约型有机基质快速发酵与成型技术，探明不同基质配方与抗病促生长、营养长效的关系；开展技术集成与应用示范，利用自身优势发展特色热带花卉，对产业提升及生态环境保护具有重要意义。

23. 龙眼 *DlCYP714A1* 基因调控果实大小的功能和机制解析

主持单位：南亚热带作物研究所
主持人：石胜友
项目来源：国家自然科学基金面上项目
研究起止时间：2023—2026 年
资助经费：54 万元

项目简介：我国主栽龙眼商品果偏小，在国内外市场上竞争力弱，如何快速培育大果优质商业主栽品种是我国龙眼产业迫切需要解决的首要问题。前期采用 QTL 与 GWAS 分析鉴定出一个与龙眼果实大小紧密关联的 *DlCYP714A1* 基因，表达产物是催化赤霉素 12（GA12）羧化而使赤霉素失活的酶，该基因保守区碱基 A/T 变异和启动子变异可能引起果实大小的改变。项目以凤梨朵×大乌圆 F_1 群体和自然资源群体中的大果、小果为材料，通过分析果实发育过程中 *DlCYP714A1* 表达、活性 GA 含量、细胞数目和大小，明确该基因与果实大小的关联性；通过蛋白质构象预测，转化酵母、龙眼愈伤和番茄，分析 A/T 变异对 *DlCYP714A1* 基因功能的影响；通过对大果、小果亲本转录组分析和 *DlCYP714A1* 上游转录因子的鉴定，探明 *DlCYP714A1* 在果实大小调控中的作用机制。研究结果将为高效选育大果型优质龙眼新品种和促进果个增大技术措施提供基因资源和理论基础。

24. 超疏水自修复蔗渣基聚氨酯包膜肥料构建及其养分控释机制

主持单位：南亚热带作物研究所
主持人：王超

项目来源： 国家自然科学基金青年科学基金项目

研究起止时间： 2023—2025 年

资助经费： 30 万元

项目简介： 生物基包膜肥料由于价格低廉和环境友好，已成为包膜肥料领域未来的发展方向。但因生物质膜材的疏水性差、致密度低等技术瓶颈导致养分释放周期短，无法满足实际应用要求。该项目以蔗渣合成的聚氨酯（PU）为基体，通过引入含可逆二硫键的室温自修复共价交联聚合物网络和交联复合超疏水改性埃洛石纳米管（HNTs），获得具有超疏水和自修复功能的 PUs/HNTs 复合膜，并采用转鼓包膜工艺和无溶剂原位聚合法包覆尿素颗粒，构建新型超疏水自修复蔗渣基聚氨酯包膜肥料。系统研究原料组成结构和工艺条件对复合膜及包膜控释肥料组成结构的影响规律，掌握其组成结构调控方法；深入研究复合膜组成结构与其力学性能、疏水性、自修复性的内在关系，获得具有超疏水和自修复性能的复合膜；进一步研究包膜肥料组成结构与其理化性能和释放性的关联性，建立其养分释放动力学模型，揭示其对养分的协同调控机制。该研究可为发展低成本、高性能和环境友好的新型生物基包膜控释肥料提供科学依据。

25. 剑麻斑马纹病菌 *CRN0793* 效应蛋白基因致病机制

主持单位： 南亚热带作物研究所

主持人： 杨子平

项目来源： 广东省自然科学基金面上项目

研究起止时间： 2022—2024 年

资助经费： 10 万元

项目简介： 烟草疫霉引起的斑马纹病是剑麻生产上的毁灭性病害之一。CRN 效应蛋白是疫霉菌第二大类胞内效应蛋白。目前发现 CRN 通过与宿主靶蛋白和 DNA 结合，干扰或者抑制植物的防卫。该项目前期克隆了烟草疫霉 25 个 *CRN* 家族基因，烟草叶片瞬时表达发现 *PnCRN0793* 能诱导植物细胞死亡。项目首先分析 *PnCRN0793* 对植物胼胝质沉淀、ROS 产生、程序性死亡等防卫反应的影响，分析 *PnCRN0793* 的亚细胞定位、信号肽分泌功能和 *PnCRN0793* 基因在侵染过程中的表达模式，筛选和鉴定与 *PnCRN0793* 结合的宿主靶蛋白和 DNA，分析 *PnCRN0793* 对宿主靶蛋白和 DNA 的影响或调控作用。阐明 *PnCRN0793* 的致病机理，为防治剑麻斑马纹病和培育抗性剑麻品种提供理论依据。

26. 荔枝矮化基因 *dw3* 的精细定位与候选基因克隆

主持单位： 南亚热带作物研究所

主持人： 王弋

项目来源： 广东省自然科学基金青年提升项目

研究起止时间： 2023—2025 年

资助经费： 30 万元

项目简介：矮化是果树育种的发展方向，由于矮化种质的缺乏，荔枝只得采用重修剪来矮化树体，因此荔枝的矮化育种势在必行。项目组鉴定了一个矮化荔枝资源 Dwarf-3，其自交后代分离为正常株高，半矮化和矮化三种类型，卡方检验表明分离符合半显性矮化基因的假设，将该基因命名为 *dw3*。通过扩大 Dwarf-3 自交群体，对 *dw3* 进行精细定位。对区间内注释基因开展 DNA 测序和基因表达分析，确定候选基因。通过切片、激素含量测定及 RNA-seq 明确 Dwarf-3 矮化的生理基础。以 VIGS 和过表达实验对 *dw3* 进行功能验证，并分析其组织表达特异性和亚细胞定位。利用嫁接实验研究 Dwarf-3 对接穗生长的影响，明确其作为矮化砧木的应用潜力。

27. AaHAT22 在番荔枝果实淀粉降解过程中的转录调控机制

主持单位：南亚热带作物研究所
主持人：陈晶晶
项目来源：广东省自然科学基金面上项目
研究起止时间：2023—2025 年
资助经费：10 万元
项目简介：番荔枝是淀粉储藏型果实，前期研究发现转录因子 AaHAT22 与 *AaBAM3*（主要 β-淀粉酶基因）启动子结合，同时 DNA 亲和纯化测序（DAP-seq）结果显示其和其他 *AaBAMs* 基因也可能存在结合，但 AaHAT22 在果实淀粉降解中的调控机制尚不清楚。研究首先在番茄中异源超表达 *AaHAT22* 基因，分析常温和低温处理下番茄果实的淀粉含量、β-淀粉酶活性及 *BAMs* 基因表达的情况，解析 *AaHAT22* 基因在果实淀粉降解中的作用，然后用亚细胞定位、酵母单杂交、凝胶迁移实验（EMSA）等方法验证 AaHAT22 的转录因子特性及与 *AaBAMs* 的结合位点，最后通过双荧光素酶实验明确 AaHAT22 对 *AaBAMs* 的调控方式，从而解析 AaHAT22 调控 *AaBAMs* 进而在果实淀粉降解中起作用的机制，为高等植物果实淀粉降解的调控机制提供理论支持。

28. 聚谷氨酸导电水凝胶的构建及其对重金属离子的电化学检测机制

主持单位：南亚热带作物研究所
主持人：何祖宇
项目来源：广东省自然科学基金面上项目
研究起止时间：2023—2025 年
资助经费：10 万元
项目简介：我国水土环境重金属污染形势严峻，环境中的重金属离子往往是多种或十几种共存，因此建立快速、灵敏的重金属离子同时分析方法对于环境健康预警具有重要意义。电化学分析方法的检测灵敏度高、操作简单、仪器体积小，而水凝胶材料具有易于化学修饰、孔径可调、比表面积高、重金属离子吸附能力强等优点。项目首先对聚谷氨酸进行接枝改性，接着与导电材料进行交联，制备聚谷氨酸基导电水凝胶。通过对导电水凝胶的结构及性能调控，提高其对重金属离子的螯合能力，最后利用导电水凝胶构建电化学传感器，实现对重金属离子的同时、快速、灵敏检测，并揭示导电水凝胶对重金属离子的电化学反应机制。最后通过分析重金属离子在不同土壤的分布情况，进而评估人们对重金属离子的暴露风险。项目成果将为水土环境重金属离子检测提供新手段，为水土环境中重金属的监控及防治提供新方法。

29. 埃洛石纳米管改性生物质基 IPN 复合包膜肥料的构建及其控释机制

主持单位：南亚热带作物研究所

主持人：王超

项目来源：广东省自然科学基金面上项目

研究起止时间：2023—2025 年

资助经费：10 万元

项目简介：利用生物质开展环境友好型包膜控释肥料的研究，对可再生资源利用和农业可持续发展具有重要的现实意义。生物质成膜疏水性差、致密度低等技术瓶颈导致肥料养分释放周期短，无法满足实际应用要求。项目以淀粉、蓖麻油合成的环氧树脂（EP）和聚氨酯（PU）为基体，通过构建互穿网络结构的生物质互穿聚合物网络（IPN）和交联复合凝胶化改性埃洛石纳米管（HNTSA），获得具有结构致密、表面疏水等优异结构性能的 IPN/HNTSA 复合膜，然后采用转鼓工艺对尿素颗粒包膜，构建新型核壳结构包膜控释肥料。系统研究原料组成结构和工艺条件对复合膜及包膜控释肥料结构的影响规律，掌握其组成结构的调控方法；深入研究复合膜及其包膜控释肥料组成结构对其疏水性、力学性能和控释性的影响，获得结构性能优异的膜材和包膜控释肥料；进一步研究包膜肥料的养分释放曲线变化规律，建立养分释放动力学模型，揭示养分释放的调控机制。该项目为研究高效、低成本、可降解包膜控释肥料提供新思路和理论支撑。

30. 广东省南亚热带作物种质资源圃运行费

主持单位：南亚热带作物研究所

主持人：陈晶晶

项目来源：广东省乡村振兴战略专项

研究起止时间：2022—2024 年

资助经费：80 万元（分年度拨付）

项目简介：对资源圃田间设施进行维护，如围栏、道路、隔离设施、防风支架等；田间工作房的维修保养，维修门窗、电路、通风机等；引种隔离检疫观察的维护，包括玻璃、台架更换，防渗漏设备等，以保障资源圃的正常运行。针对芒果、菠萝、澳洲坚果、龙眼、甘蔗、马铃薯、优稀特色果树等种质资源进行调查与收集；对种质资源活力进行监测，并根据各物种资源繁殖更新技术规程对活力低的种质进行有效繁殖更新；定期对所保存资源进行浇水施肥、病虫害防控、枝条修剪等，以保证资源的安全保存。对特色种质资源以及优良品种进行宣传，并向农户、果园、高校以及科研院所等提供种质资源，促进种质资源交流与合理利用。

31. 澳洲坚果产业链提质增效关键技术研究

主持单位：南亚热带作物研究所
主持人：杜丽清
项目来源：广东省乡村振兴战略专项
研究起止时间：2023—2024 年
资助经费：100 万元
项目简介：开展澳洲坚果优良种苗繁育示范、澳洲坚果高效栽培示范、果仁系列休闲产品开发，开展软胶囊、蛋白粉等功能产品研发，建立澳洲坚果软胶囊中试生产线，对接龙头企业、培训技术工人、帮扶指导种植户。

32. 早熟优质高抗芒果新品种选育

主持单位：南亚热带作物研究所
主持人：王松标
项目来源：广东省乡村振兴战略专项
研究起止时间：2023—2025 年
资助经费：100 万元（分年度拨付）
项目简介：针对广东省芒果产业中存在的品种单一、主栽品种不适应当地气候等问题，研发芒果多种源高效杂交育种技术，筛选优良单株，选育适合广东省芒果产区种植的早熟、优质、高抗新品种，从而丰富和优化品种结构，促进广东省芒果品种的更新换代和高质量发展。

33. 优质鲜食菠萝新品种培育

主持单位：南亚热带作物研究所
主持人：孙伟生
项目来源：广东省乡村振兴战略专项
研究起止时间：2023—2025 年
资助经费：100 万元（分年度拨付）
项目简介：针对广东省菠萝品种单一、果品质量较低和生产综合效益不高的问题，开展特色菠萝种质的收集保存、鉴定和评价，挖掘和筛选优异种质；开展菠萝生物育种技术研究，提高育种效率；以杂交育种为基础，结合分子生物技术手段，多途径创制优异新种质，培育适合广东生产和市场消费需要的菠萝新品种，研制示范配套高效栽培技术，提升菠萝种业水平、增加果农生产收益。

34. 芒果多种源高效杂交育种及早熟优质新品种选育

主持单位：南亚热带作物研究所

主持人：武红霞

项目来源：海南省重点研发计划

研究起止时间：2022—2025 年

资助经费：64 万元

项目简介：针对芒果常规杂交育种效率低、分子标记辅助育种技术缺乏、重要性状遗传特性不清等问题，项目以易成花、早熟优质高抗为目标，研发芒果多种源杂交技术，构建杂交后代群体，进行杂交后代杂种真实性鉴定，定位重要性状的 QTL，开发相关的分子标记，从而建立分子标记辅助育种技术体系，创制优异新种质并选育新品种。研究结果对丰富我国芒果品种资源、改变优良品种缺乏的现状、促进海南省乃至全国早熟芒果品种的更新换代具有重要意义。

35. 芒果转录因子 *MibZIP66* 基因在 β-胡萝卜素合成调控中的功能分析

主持单位：南亚热带作物研究所

主持人：马小卫

项目来源：海南省自然科学基金创新研究团队项目

研究起止时间：2022—2025 年

资助经费：35 万元

项目简介：β-胡萝卜素是芒果果肉类胡萝卜素的主要成分，具有重要的生物学和营养功能。该项目在番茄中利用超表达和 CRISPR/Cas9 基因编辑技术，确证 *MibZIP66* 基因在果实 β-胡萝卜素合成中的作用。然后采用重亚硫酸盐测序（Bisulfate），检测 *MibZIP66* 基因启动子甲基化水平在不同品种、不同发育阶段果实中的动态变化，结合 *MibZIP66*、*MiPSY1* 表达及 β-胡萝卜素含量变化，分析 DNA 甲基化水平与果实 β-胡萝卜素积累量之间的关系。最后通过酵母双杂交、双分子荧光互补和免疫共沉淀等技术筛选、鉴定与 *MibZIP66* 修饰相关的互作蛋白，分析其发生修饰后对调控 *MiPSY1* 的影响。该项目旨在弄清 *MibZIP66* 与芒果 β-胡萝卜素合成调控的关系，为理解植物类胡萝卜素合成的分子调节机制提供新的理论基础。

36. 菠萝优质高产绿色协同关键技术研发与示范

主持单位：南亚热带作物研究所

主持人：张秀梅

项目来源：国家重点研发计划

研究起止时间：2023—2027 年

资助经费：350 万元

项目简介：本课题针对当前菠萝品种单一、优质新品种缺乏、品质不稳等产业问题，紧紧围绕菠萝周年供应中花果调控和品质提升等技术瓶颈，研发和突破菠萝产期精准调控技术、水肥调控提升品质以及绿色保鲜等共性关键技术，并结合主产区气候特点，集成优质高产绿色协同关键技术，形成标准化、轻简化的菠萝高效生产综合技术体系，在优势产区广东、海南进行示范应用，实现菠萝产业的绿色高效健康发展。

37. 芒果糖酸品质性状的 QTL 定位及候选基因挖掘

主持单位：中国热带农业科学院三亚研究院，南亚热带作物研究所
主持人：武红霞
项目来源：国家自然科学基金地区科学基金项目
研究起止时间：2024—2027 年
资助经费：32 万元
项目简介：芒果是重要的热带水果，其果实中的糖酸含量和可溶性固形物（TSS）是芒果重要的品质性状。为解析芒果糖酸性状的遗传机制，前期已构建多个杂交群体，发现杂交后代中果实 TSS、糖酸等性状均发生了明显的分离。研究以两个杂交群体金煌（高糖低酸）×热农 1 号（低糖高酸）和热农 1 号×红玉（高糖低酸）为材料，基于重测序技术分析杂交后代和亲本基因型，构建高密度遗传连锁图谱和单倍型区块，结合果实性状的表型数据，重点分析定位于糖酸等性状相关的 QTL 位点。基于基因组进行基因扫描，结合转录组相关基因表达差异，确定候选基因成员，并对候选基因进行番茄转基因功能验证，开发与性状关联的分子标记。本项目将为芒果育种工作提供优异的基因资源，为分子标记辅助育种及糖酸关键基因挖掘奠定重要的基础，从而加速芒果新品种选育的进程。

38. 荔枝矮化主效基因 *dw5* 的图位克隆与育种潜力研究

主持单位：中国热带农业科学院三亚研究院，南亚热带作物研究所
主持人：王弋
项目来源：国家自然科学基金地区科学基金项目
研究起止时间：2024—2027 年
资助经费：32 万元
项目简介：荔枝树体矮化有利于生产和管理。项目前期鉴定了一个矮化荔枝资源 dwarf-5，遗传分析表明其矮化性状受一个主效基因调控，将该基因命名为 *dw5*。前期已将 *dw5* 粗定位至 12 号染色体 2.7Mb 的区间内。研究扩大 dwarf-5 自交群体，对 *dw5* 进行精细定位，分析定位区间内基因的序列和表达水平，确定 *dw5* 候选基因。利用转基因番茄及 RNA-seq、树脂切片及激素测定等实验分析 *dw5* 功能，利用自交群体矮株（*dw5*/*dw5* 基因型）和正常单株（*DW5*/*DW5* 基因型）分析 *dw5* 对荔枝农艺性状及果实品质的影响，阐明其育种价值。同时利用嫁接实验研究 dwarf-5 作为砧木对接穗农艺性状和果实品质的影响，明确其作为矮化砧木的应用潜力。研究为荔枝矮化育种实践提供新的基因资

源，加快荔枝矮化品种（砧木）的育种进程。

39. 马铃薯 StMAPK3—StDof1 信号通路调控耐盐分子机理研究

主持单位：中国热带农业科学院三亚研究院，南亚热带作物研究所

主持人：朱熙

项目来源：国家自然科学基金地区科学基金项目

研究起止时间：2024—2027 年

资助经费：33 万元

项目简介：土壤盐渍化是影响马铃薯产量和品质的重要因素，探索马铃薯耐盐的分子机理，采用分子手段提高其耐盐性是保障马铃薯产业稳定发展的迫切需求。项目前期研究已明确 StMAPK3 正向调控马铃薯对盐胁迫的耐受性，并鉴定出一个与其互作的磷酸化蛋白 StDof1。但是，StMAPK3—StDof1 分子模块在调控马铃薯耐盐中的分子机理并不清楚。在此基础上，通过体外磷酸化位点分析，明确 StDof1 响应盐胁迫的表达模式、亚细胞定位和转录激活活性等分子特征；通过过表达和基因编辑鉴定 StDof1 的耐盐功能，解析 StMAPK3—StDof1 的耐盐分子机理。本研究将揭示 StMAPK3—StDof1 协同调控马铃薯耐盐的功能和分子机理，阐明一个全新的由 MAPK—Dof 调控的耐盐信号转导途径，为马铃薯耐盐性分子育种提供关键基因资源，具有重要的理论意义与应用价值。

40. 番荔枝 SINA1 蛋白介导 *BAM3* 的泛素化修饰调控果实淀粉降解和软化的分子机制解析

主持单位：中国热带农业科学院三亚研究院，南亚热带作物研究所

主持人：陈晶晶

项目来源：国家自然科学基金地区科学基金项目

研究起止时间：2024—2027 年

资助经费：32 万元

项目简介：杂交番荔枝是淀粉贮藏、呼吸跃变型果实，采后易成熟软化，影响货架期。前期研究发现果实淀粉降解速度直接关系果实软化速度，*AaBAM3* 是影响果实淀粉降解的主要基因。酵母双杂交显示其与 E3 泛素连接酶 AaSINA1 存在互作，且 AaSINA1 受冷诱导，*AaBAM3* 受冷抑制，但两者的互作调控机制尚不清楚。本研究首先通过免疫共沉淀（Co-IP）、双分子荧光互补（BiFC）等手段验证 AaSINA1 与 *AaBAM3* 的互作，明确 AaSINA1 低温响应的分子特征。然后通过泛素化实验及点突变的方式，明确 AaSINA1 的 E3 泛素连接酶活性及对 *AaBAM3* 的泛素化修饰、蛋白稳定性及降解速率的影响。最后用 VIGS 技术在番荔枝果实中沉默和在番茄中超表达 AaSINA1、*AaBAM3*，解析 AaSINA1 泛素化修饰在番荔枝果实采后淀粉降解中的作用机制，对于深入阐明果实成熟调控机制，构建果实成熟调控网络具有重要理论意义。

41. 茄子抗青枯病高效育种体系创新及抗病材料创制

主持单位：南亚热带作物研究所

主持人：肖熙鸥

项目来源：海南省重点研发计划

研究起止时间：2023—2026 年

资助经费：76 万元

项目简介：青枯病是海南省茄子生产中的主要病害，选育抗病品种是防控青枯病最高效的方法。传统育种方法以经验为主，选择效率低且易受人为主观影响。项目开展以下研究：建立基于机器学习的高通量青枯病抗性鉴定体系，筛选抗性材料；利用 BSA-seq＋KASP 分型技术进行青枯病抗性、果形和果色 QTL 定位，开发功能性 SNP 标记，开展分子标记辅助育种；配制杂交组合，选育抗青枯病的茄子新品种，促进茄子产业的健康发展。

42. 喷施型多功能液体水果套袋制备关键技术研发及应用

主持单位：南亚热带作物研究所

主持人：杨子明

项目来源：海南省重点研发计划

研究起止时间：30 万元

资助经费：2023—2026 年

项目简介：针对传统塑料和纸质水果套袋材料功能单一、劳动力成本高、易造成环境污染等问题，项目采用壳聚糖、纤维素等天然高分子成膜材料，结合具有驱虫与抗菌作用的植物提取物制备成具有抗菌防病、驱虫和隔阻污染等多种功能的可喷施型液体套袋材料，建立喷施型多功能液体水果套袋材料制备关键技术，通过喷施方式替代人工套袋方式，在水果表面形成保护层，解决传统套袋人工成本高和污染环境等问题。

43. 热带特色果蔬高活性功能饮品开发及关键技术集成

主持单位：南亚热带作物研究所

主持人：杜丽清

项目来源：海南省重点研发计划

研究起止时间：2023—2026 年

资助经费：56 万元

项目简介：传统热带果蔬加工存在过滤除渣等步骤，不仅营养物流失严重，且产生大量的废弃物。随着人们对营养、健康、环保的日益关注，全组分食品越来越受到消费者的追捧。项目以热带特色果蔬（芒果、菠萝等）为对象，以新型高压射流磨技术为基础，创新性研发全组分果蔬产品，探究新型高压射流磨对产品体系营养成分和物理、化学性质的影响，解决产品物理稳定性和色泽变化（褐变、褪色等）问题，为果蔬饮料生产提供一种全新的技术和装备支持。

44. 菠萝机械化采摘关键技术装备集成研发与示范

主持单位：南亚热带作物研究所

主持人：薛忠

项目来源：海南省重点研发计划

研究起止时间：2023—2026 年

资助经费：79 万元

项目简介：随着我国菠萝种植面积不断扩大，人工收获劳动强度大、生产效率低、机械化程度低等问题对产业发展的制约愈显突出。项目围绕机械采摘研究菠萝果或果柄破坏过程中的应力应变，研究菠萝在剪切或扭转作用下的摘果机理，设计优化采摘、夹持、输运各部件参数及多路液压分配和控制系统，开展样机试制及田间试验。通过项目实施，突破菠萝机械化采摘技术，为产业品种结构优化和升级、实现产业提质增效、农民增收、推进供给侧结构性改革等提供装备支撑。

第三节　主要项目清单

2019—2023 年，南亚所承担的主要项目清单如下（表 3 - 1）。

表 3 - 1　2019—2023 年南亚所承担的主要项目清单

序号	项目名称	起止年限（年）	项目来源	经费（万元）	参与人
1	*SmTCP7a* 正调控茄子抗青枯病机理	2019—2022	国家自然科学基金面上项目	60	肖熙鸥
2	SPL 成员在乙烯诱导菠萝成花不同阶段的作用机制及信号网络解析	2019—2022	国家自然科学基金面上项目	60	张红娜
3	剑麻斑马纹病原菌效应蛋白 PnRXLR1 的致病机理研究	2019—2021	国家自然科学基金青年科学基金项目	25	杨子平
4	芒果种质资源精准评价及基因挖掘	2019—2022	国家重点研发计划	86	梁清志
5	菠萝种质资源精准评价与基因挖掘	2019—2022	国家重点研发计划	121	吴青松
6	菠萝诱变育种与优质新品种创制	2019—2022	国家重点研发计划	345	陈晶晶
7	MYB46 转录因子调控香蕉果肉类黄酮生物合成的机理解析	2019—2022	广东省自然科学基金面上项目	10	胡会刚

（续）

序号	项目名称	起止年限（年）	项目来源	经费（万元）	参与人
8	调控龙眼单果重性状关键基因的挖掘及功能解析	2019—2022	广东省自然科学基金面上项目	10	石胜友
9	DNA 甲基化在菠萝体细胞无性系变异发生的作用	2019—2022	广东省自然科学基金面上项目	10	林文秋
10	菠萝良种重大科研联合攻关子项目	2019—2020	省级乡村振兴战略专项——现代种业提升项目	65	吴青松
11	基于 QTL 定位的芒果果实糖酸品质性状分子遗传机制解析	2019—2021	海南省自然科学基金创新研究团队项目	48	梁清志
12	芒果核仁油的理化特性及其脂质组学研究	2019—2021	海南省自然科学基金青年基金项目	8	涂行浩
13	剑麻 *AsMYC2* 下游抗病关键基因筛选及鉴定	2019—2021	海南省自然科学基金青年基金项目	8	鹿志伟
14	澳洲坚果蛋白肽的抗氧化特性及其构效关系	2019—2021	海南省自然科学基金青年基金项目	5	帅希祥
15	保护性耕作改善海南省红壤团聚体结构	2019—2020	海南省自然科学基金青年基金项目	5	李海亮
16	香蕉野生近缘种 *RGA2* 同源基因抗枯萎病功能鉴定和遗传规律研究	2019—2021	海南省自然科学基金面上项目	10	李伟明
17	单旋翼无人机甘蔗螟虫化学防治农药雾滴沉降机理研究	2019—2021	海南省自然科学基金面上项目	5	孙海天
18	现代农业产业技术体系建设专项麻类体系岗位科学家经费	2019—2019	现代农业产业技术体系	70	周文钊
19	现代农业产业技术体系建设专项荔枝龙眼体系岗位科学家经费	2019—2019	现代农业产业技术体系	70	石胜友
20	现代农业产业技术体系建设专项荔枝龙眼体系综合试验站站长经费	2019—2019	现代农业产业技术体系	50	李伟才
21	现代农业产业技术体系建设专项香蕉体系综合试验站站长经费	2019—2019	现代农业产业技术体系	50	谢江辉

（续）

序号	项目名称	起止年限（年）	项目来源	经费（万元）	参与人
22	农业农村部热带果树种质资源圃运行费	2019—2019	农业农村部科研设施专项运行维护费	40	邹明宏
23	农业农村部热带果树生物学重点实验室运行费	2019—2019	农业农村部科研设施专项运行维护费	30	魏长宾
24	中国热带农业科学院糖能兼用甘蔗新品种试验示范基地运行费	2019—2019	农业农村部科研设施专项运行维护费	30	苏俊波
25	中国热带农业科学院南亚热带作物研究所综合实验室运行费	2019—2019	农业农村部科研设施专项运行维护费	45	魏长宾
26	2019 年农业业务培训经费	2019—2019	农业业务培训经费	23	刘江平
27	2019 年科技转化与推广服务——芒果新品种新技术集成示范推广	2019—2019	农业技术试验示范与服务支持	15	马小卫
28	2019 年科技转化与推广服务——菠萝新品种新技术集成示范推广	2019—2019	农业技术试验示范与服务支持	15	刘胜辉
29	2019 年科技转化与推广服务——澳洲坚果新品种新技术集成示范推广	2019—2019	农业技术试验示范与服务支持	15	曾辉
30	2019 年科技转化与推广服务——香蕉新品种新技术集成示范推广	2019—2019	农业技术试验示范与服务支持	80	段雅婕
31	2019 年现代农业人才支撑计划——现代农业人才支撑计划	2019—2019	现代农业人才支撑计划项目	20	胡会刚
32	2019 年农业行业标准制定和修订——热带作物品种审定规范（剑麻）	2019—2019	农业行业标准制定和修订	5	周文钊
33	2019 年农业行业标准制定和修订——澳洲坚果等级规格	2019—2019	农业行业标准制定和修订	5	帅希祥
34	2019 年农产品质量安全——热带果品质量安全监测	2019—2019	农产品质量安全监管专项经费	10	常金梅
35	2019 年农产品质量安全——香蕉品质提升示范建设	2019—2019	农产品质量安全监管专项经费	20	段雅婕
36	2019 年病虫害控制——香蕉绿色防控示范区建设	2019—2019	农作物病虫鼠害疫情监测与防治经费	36	段雅婕

（续）

序号	项目名称	起止年限（年）	项目来源	经费（万元）	参与人
37	2019年物种品种资源保护费——南亚热带作物种质资源保护	2019—2019	物种品种资源保护费项目	162.58	刘恒
38	2019年物种品种资源保护费——野生植物资源保护	2019—2019	物种品种资源保护费项目	25	魏永赞
39	2019年物种品种资源保护费——菠萝种质资源保护	2019—2019	物种品种资源保护费项目	15	吴青松
40	2019年物种品种资源保护费——热带果树种质资源收集、鉴定、编目、繁殖与分发利用	2019—2019	物种品种资源保护费项目	27	邹明宏
41	2019年物种品种资源保护费——南亚热带果树种质资源保护	2019—2019	物种品种资源保护费项目	45	邹明宏
42	番荔枝β-淀粉酶基因 *AaBAM3* 在果实淀粉降解中响应低温的转录调控机制	2020—2022	国家自然科学基金青年科学基金项目	25	陈晶晶
43	芒果蔗糖代谢酶及关键基因协同表达模式分析	2020—2022	国家自然科学基金青年科学基金项目	20	李丽
44	热带作物增产节本增效栽培技术集成与示范	2020—2022	国家重点研发计划	3325	徐明岗
45	现代农业产业技术体系建设专项麻类体系岗位科学家经费	2020—2020	现代农业产业技术体系	43.75	周文钊
46	现代农业产业技术体系建设专项荔枝龙眼体系岗位科学家经费	2020—2020	现代农业产业技术体系	43.75	石胜友
47	现代农业产业技术体系建设专项荔枝龙眼体系综合试验站站长经费	2020—2020	现代农业产业技术体系	31.25	李伟才
48	现代农业产业技术体系建设专项香蕉体系综合试验站站长经费	2020—2020	现代农业产业技术体系	31.25	胡会刚
49	农业农村部热带果树种质资源圃运行费	2020—2020	农业农村部科研设施专项运行维护费	40	郑斌
50	农业农村部热带果树生物学重点实验室运行费	2020—2020	农业农村部科研设施专项运行维护费	30	魏长宾
51	中国热带农业科学院糖能兼用甘蔗新品种试验示范基地运行费	2020—2020	农业农村部科研设施专项运行维护费	30	苏俊波
52	中国热带农业科学院南亚热带作物研究所综合实验室运行费	2020—2020	农业农村部科研设施专项运行维护费	45	魏长宾

（续）

序号	项目名称	起止年限（年）	项目来源	经费（万元）	参与人
53	2020年物种品种资源保护费——南亚热带作物种质资源保护	2020—2020	物种品种资源保护费项目	112	刘恒
54	菠萝、澳洲坚果等南亚热带果树种质资源保护与利用	2020—2020	农业农村部政府购买服务项目	40	吴青松、邹明宏
55	农业转基因科学普及	2020—2021	农业农村部政府购买服务项目	40	李普旺
56	物种品种资源保护费项目	2020—2020	农业农村部政府购买服务项目	25	孙德权
57	香蕉、芒果、菠萝、澳洲坚果及毛叶枣等新品种新技术集成示范推广	2020—2020	农业农村部政府购买服务项目	120	李伟明、马小卫、刘胜辉、胡玉林、曾辉、杜丽清
58	热带果树种质资源的收集、鉴定、编目、繁种与入库保存	2020—2020	农业农村部政府购买服务项目	18.5	邹明宏
59	农垦农业技术试验示范与服务技术支撑	2020—2020	农业农村部政府购买服务项目	20	汪春
60	中国—巴西菠萝、剑麻种质创新与利用技术研究中心建设	2020—2020	农业农村部政府购买服务项目	20	吴青松
61	芒果种质资源联合调查与开发评价	2020—2020	"一带一路"热带农业资源联合调查与开发评价项目	12	梁清志
62	澳洲坚果种质资源联合调查与评价	2020—2020	"一带一路"热带农业资源联合调查与开发评价项目	12	曾辉
63	菠萝种质资源联合调查与评价	2020—2020	"一带一路"热带农业资源联合调查与开发评价项目	10	吴青松

（续）

序号	项目名称	起止年限（年）	项目来源	经费（万元）	参与人
64	热带玉米种质资源联合调查与评价	2020—2020	“一带一路”热带农业资源联合调查与开发评价项目	8	刘洋
65	菠萝病虫害生物防治技术研发与应用	2020—2020	“一带一路”热带农业资源联合调查与开发评价项目	8	柳凤
66	芒果病虫害绿色防控	2020—2020	农业农村部政府购买服务项目	30	武红霞
67	农业科研杰出人才及其创新团队培养	2020—2020	农业农村部政府购买服务项目	20	谢江辉
68	香蕉病虫害绿色防控技术示范与推广	2020—2020	农业农村部政府购买服务项目	30	段雅婕
69	现代农业产业技术体系建设专项天然橡胶体系综合试验站站长经费	2020—2020	现代农业产业技术体系	31.25	罗萍
70	龙眼荔枝杂交后代的减数分裂行为及遗传组成分析	2020—2022	科研机构改革专项启动费科研项目	10	周建男
71	橡胶树高产抗寒新品种及日间割胶育种研究	2020—2023	广东省重点领域研发计划项目	50	张华林
72	湛江农业科普创新联盟建设能力提升	2019—2022	湛江市科普联盟建设能力提升项目	50	杜丽清
73	酸化土壤改良与地力提升技术开发与应用	2019—2023	金正大生态工程集团股份有限公司委托横向项目	60	徐明岗
74	香蕉抗枯萎病新品种的选育与试验示范	2020—2022	现代农业技术攻关项目	25	胡玉林
75	蚕桑资源高值化综合利用技术服务与示范推广	2020—2022	广东省农村科技特派员服务省定贫困村	15	杨子明

（续）

序号	项目名称	起止年限（年）	项目来源	经费（万元）	参与人
76	甘蔗叶快速离田制肥技术推广与示范	2020—2022	广东省农村科技特派员服务省定贫困村	15	杜嵇华
77	剑麻斑马纹病病原菌 RXLR 效应蛋白互作靶标蛋白的筛选与鉴定	2020—2023	海南省自然科学基金面上项目	5	杨子平
78	龙眼荔枝杂交群体的减数分裂研究和遗传组成分析	2020—2023	海南省自然科学基金青年基金项目	5	周建男
79	缩节胺（DPC）诱导芒果成花的作用机制	2020—2023	海南省自然科学基金青年基金项目	5	许文天
80	*SmTT8* 调控茄子果皮花青素合成机理	2020—2023	海南省自然科学基金高层次人才项目	7	金辉
81	基于全基因组重测序芒果抗炭疽病分子标记的开发	2020—2023	海南省自然科学基金青年基金项目	5	柳凤
82	菠萝 *AcPLD2* 基因在果实黑心病发生中功能解析	2020—2023	海南省自然科学基金面上项目	5	洪克全
83	番石榴叶精油改善澳洲坚果品质劣变及动力学研究	2020—2023	海南省自然科学基金青年基金项目	5	马飞跃
84	GA 抑制 *LcACO4* 基因表达下调荔枝乙烯合成的分子机制	2020—2023	海南省自然科学基金青年基金项目	5	王弋
85	*AcAPX1* 基因响应 AsA 增强采后菠萝抗氧化能力的功能解析	2020—2023	海南省自然科学基金面上项目	5	侯晓婉
86	NFC 芒果汁加工技术研究与应用示范	2020—2020	四川省攀枝花市重点科技项目	20	张明
87	沼渣肥料化利用技术服务	2020—2021	广东湛江正大猪业有限公司委托横向项目	30	焦静
88	现代农业产业技术体系建设专项麻类体系岗位科学家经费	2021—2021	现代农业产业技术体系	55	周文钊
89	现代农业产业技术体系建设专项荔枝龙眼体系岗位科学家经费	2021—2021	现代农业产业技术体系	55	石胜友

（续）

序号	项目名称	起止年限（年）	项目来源	经费（万元）	参与人
90	现代农业产业技术体系建设专项荔枝龙眼体系综合试验站站长经费	2021—2021	现代农业产业技术体系	42	李伟才
91	现代农业产业技术体系建设专项香蕉体系综合试验站站长经费	2021—2021	现代农业产业技术体系	42	胡会刚
92	香蕉病虫害绿色防控技术示范	2021—2021	农业农村部政府购买服务项目	12	段雅婕
93	农业品种改良提升专项经费	2021—2021	农业品种改良提升专项	16.5	曾辉
94	科研设施专项运行维护费	2021—2021	科研设施专项运行维护费	180	陈晶晶、苏俊波、魏长宾
95	物种品种资源保护费	2021—2021	物种品种资源保护费	56	邹明宏、陈晶晶、金辉
96	芒果病虫害绿色防控技术	2021—2021	农业农村部政府购买服务项目	30	武红霞
97	广东省甘蔗剑麻产业技术体系剑麻种质创新与利用创新团队	2021—2021	广东省现代农业产业技术体系创新团队建设项目	6	张燕梅
98	调控澳洲坚果 *MiFATA1* 基因表达转录因子的筛选与鉴定	2021—2023	广东省自然科学基金面上项目	10	杨倩
99	超疏水生物质纳米复合包膜控释肥设计及养分释放调控机制研究	2021—2023	广东省自然科学基金面上项目	10	王超
100	芒果 F_1 代果实香气物质的遗传分析与 QTL 定位	2021—2023	广东省自然科学基金面上项目	10	马小卫
101	荔枝香蕉等热带果树高效栽培与采后保鲜技术研究与示范	2021—2022	广东省科学技术厅科技特派员项目	30	贾志伟
102	火龙果绿色高效栽培关键技术研究与示范	2021—2022	广东省科技创新战略专项资金“大专项＋任务清单”	5	乔健
103	荔枝泛素结合酶 *E2* 基因功能研究	2021—2024	海南省自然科学基金面上项目	5	董晨

（续）

序号	项目名称	起止年限（年）	项目来源	经费（万元）	参与人
104	糖在菠萝成花诱导中基因调控网络的解析	2021—2024	海南省自然科学基金青年基金项目	5	林文秋
105	澳洲坚果 *FATA* 基因转录调控机制	2021—2023	海南省自然科学基金青年基金项目	5	杨倩
106	茄子抗青枯病基因的精细定位	2021—2024	海南省自然科学基金高层次人才项目	8	肖熙鸥
107	不同芒果品种成花差异关键基因挖掘	2021—2024	海南省自然科学基金面上项目	5	武红霞
108	秸秆纤维复合材料的制备及其界面力学增强机理研究	2021—2023	海南省自然科学基金青年基金项目	5	刘运浩
109	改性壳聚糖/碳纳米管修饰电极的制备及对土壤重金属离子同时测定机制	2021—2023	海南省自然科学基金青年基金项目	5	何祖宇
110	巯基改性壳聚糖多孔微球的设计合成及其对土壤重金属钝化机制	2021—2024	海南省自然科学基金面上项目	5	杨子明
111	铵态氮和硝态氮浓度及配比对菠萝氮素吸收利用特征的影响及其机制	2021—2024	海南省自然科学基金青年基金项目	5	马海洋
112	菠萝 *Ac4CL5* 在果实褐变中的转录调控机制研究	2022—2023	海南省自然科学基金青年基金项目	5	宋康华
113	甘蔗间作花生对农田地力及红壤有机碳库的影响研究	2021—2024	海南省自然科学基金青年基金项目	5	徐志军
114	芒果抗炭疽病定向杂交育种体系的建立与新种质创制	2021—2023	海南省重点研发计划	50	詹儒林
115	绿色多功能涂膜保鲜剂的创制及其在热带果蔬保鲜中的应用	2021—2023	海南省重点研发计划	50	李普旺
116	椰子废弃物高值化循环利用关键技术研究与应用示范	2021—2023	海南省重点研发计划	50	黄小红
117	海南省热带作物营养重点实验室专项经费	2021—2023	海南省重点实验室运行费	20	马海洋
118	云南省华坪县芒果产业科技特派员	2021—2023	云南省科技计划特派员项目	50	姚全胜

（续）

序号	项目名称	起止年限（年）	项目来源	经费（万元）	参与人
119	四川省特色水果优质安全高效生产关键技术示范推广	2021—2021	四川省农业农村厅重大技术协同推广试点项目	8	李国平
120	芒果抗细菌性角斑病遗传机制研究	2021—2022	四川省攀枝花市科技计划项目	15	柳凤
121	热带果树绿色高效栽培与加工技术服务	2021—2024	湛江市农村科技特派员团队项目	5	乔健
122	新型肥料与耕地质量提升技术服务	2022—2024	湛江市农村科技特派员团队项目	10	杨子明
123	菠萝、芒果和香蕉新品种选育及配套标准化栽培技术研发	2021—2022	湛江市农业农村局良种培育项目	150	张秀梅
124	麒麟鸡种质资源场初建与品种繁育	2021—2022	湛江市农业农村局良种培育项目	100	李普旺
125	休闲农业规范 农庄旅游服务	2021—2022	湛江市市场监督管理局标准化项目	6	杜丽清、涂行浩
126	澳洲坚果质量控制技术规程	2021—2022	湛江市市场监督管理局标准化项目	6	涂行浩
127	热带作物品种试验技术规程 第 14 部分：剑麻	2021—2021	湛江市市场监督管理局标准化项目	6	周文钊
128	徐闻县菠萝标准化栽培技术服务	2021—2022	广东省徐闻县农业技术推广中心横向项目委托项目	59.95	吴青松
129	龙眼 *DlCYP714A1* 基因调控果实大小的功能和机制解析	2023—2026	国家自然科学基金面上项目	54	石胜友
130	超疏水自修复蔗渣基聚氨酯包膜肥料构建及其养分控释机制	2023—2025	国家自然科学基金青年科学基金项目	30	王超
131	现代农业产业技术体系建设专项麻类体系岗位科学家经费	2022—2022	现代农业产业技术体系	55	周文钊
132	现代农业产业技术体系建设专项荔枝龙眼体系综合试验站站长经费	2022—2022	现代农业产业技术体系	42	李伟才

（续）

序号	项目名称	起止年限（年）	项目来源	经费（万元）	参与人
133	现代农业产业技术体系建设专项香蕉体系综合试验站站长经费	2022—2022	现代农业产业技术体系	42	胡会刚
134	科研设施专项运行费	2022—2022	农业农村部科研设施专项运行费项目	145	陈晶晶、苏俊波、魏长宾
135	物种品种资源保护费	2022—2022	物种品种资源保护费	56	陈晶晶、金辉、曾辉、肖熙鸥
136	香蕉病虫害绿色防控技术	2022—2022	农业农村部政府购买服务项目	10	段雅婕
137	芒果种质资源精准鉴定	2022—2023	农业农村部政府购买服务项目	10.5	梁清志
138	热带果树种质资源安全保存及普查、收集、资源鉴定评价与繁殖、编目、入圃	2022—2022	农业农村部政府购买服务项目	41	陈晶晶
139	香蕉物种资源保护与利用	2022—2022	农业农村部政府购买服务项目	8	孙德权
140	荔枝物种资源保护与利用	2022—2022	农业农村部政府购买服务项目	10.93	李伟才
141	澳洲坚果物种资源保护与利用	2022—2022	农业农村部政府购买服务项目	8	邹明宏
142	菠萝物种资源保护与利用	2022—2022	农业农村部政府购买服务项目	8	吴青松
143	农业野生植物资源等调查	2022—2022	农业农村部政府购买服务项目	18.24	李伟明
144	果园生草栽培生态环保示范教育基地建设	2022—2022	湛江市环保项目下级转移支付项目	40	武丽琼
145	2022年度广东省十佳科普教育基地	2022—2022	广东省十佳科普教育基地补偿项目	10	武丽琼

（续）

序号	项目名称	起止年限（年）	项目来源	经费（万元）	参与人
146	剑麻斑马纹病菌 *CRN0793* 效应蛋白基因致病机制	2022—2024	广东省自然科学基金面上项目	10	杨子平
147	广东省南亚热带作物种质资源圃运行费	2022—2024	广东省乡村振兴战略专项	80	陈晶晶
148	澳洲坚果产业链提质增效关键技术研究	2023—2024	广东省乡村振兴战略专项	100	杜丽清
149	早熟优质高抗芒果新品种选育	2023—2025	广东省乡村振兴战略专项	100	王松标
150	优质鲜食菠萝新品种培育	2023—2025	广东省乡村振兴战略专项	100	孙伟生
151	南药道地性高品质生产与功能开发技术——砂仁种质资源鉴评、优良品种筛选与推广	2022—2022	“十四五”广东省农业科技创新十大主攻方向“揭榜挂帅”项目	10	贺军军
152	大国“粮”师——守护农业“芯片”系列科普作品创作与传播	2023—2023	广东省基层科普行动计划项目	5	陈英敏
153	马铃薯倍性育种技术创新与优质抗逆新品种选育	2022—2025	广东省重点领域研发计划	30	金辉
154	紫红茄和小白菜基因重组选择技术研究及耐热优质新品种选育	2022—2025	广东省重点领域研发计划	20	肖熙鸥
155	广东主要水果砧木优良种质创新利用及矮化抗逆新品种的选育	2022—2026	广东省重点领域研发计划	35	石胜友
156	荔枝分子设计育种大数据平台构建与优质极端熟期新品种选育	2023—2025	广东省重点领域研发计划	24	王弋
157	荔枝矮化基因 *dw3* 的精细定位与候选基因克隆	2023—2025	广东省自然科学基金青年提升项目	30	王弋
158	*AaHAT22* 在番荔枝果实淀粉降解过程中的转录调控机制	2023—2025	广东省自然科学基金面上项目	10	陈晶晶
159	聚谷氨酸导电水凝胶的构建及其对重金属离子的电化学检测机制	2023—2025	广东省自然科学基金面上项目	10	何祖宇
160	埃洛石纳米管改性生物质基 IPN 复合包膜肥料的构建及其控释机制	2023—2025	广东省自然科学基金面上项目	10	王超
161	芒果多种源高效杂交育种及早熟优质新品种选育	2022—2025	海南省重点研发计划	64	武红霞

（续）

序号	项目名称	起止年限（年）	项目来源	经费（万元）	参与人
162	马铃薯 *miR856*—*StMAPK10* 途径在盐胁迫中的作用机制研究	2022—2025	海南省自然科学基金面上项目	8	朱熙
163	*MiFRK1* 和 *MiFRK2* 基因参与芒果果糖积累调控机制	2022—2025	海南省自然科学基金面上项目	8	李丽
164	红壤土水肥气耦合境域下鲜食玉米生长响应机理与模型构建	2022—2025	海南省自然科学基金面上项目	8	邹华芬
165	热带典型秸秆生物炭对土壤重金属 Cr 稳定化的作用过程与机制	2022—2025	海南省自然科学基金面上项目	8	宋书会
166	热处理减轻采后菠萝果心褐变的生理机制及 *HSPs* 基因表达分析	2022—2025	海南省自然科学基金面上项目	8	谷会
167	热带砖红壤果园长期生草复合系统提升土壤有机碳机制	2022—2025	海南省自然科学基金青年基金项目	6	赵秋芳
168	茄子果色基因 *SmFC10* 的精细定位及候选基因分析	2022—2025	海南省自然科学基金青年基金项目	6	吴彩玉
169	基质覆盖式免耕播种调节砖红壤耕层氧气特征与机制	2022—2025	海南省自然科学基金青年基金项目	6	李海亮
170	澳洲坚果青皮多酚/银纳米粒子结构特性及抗氧化增效机制	2022—2025	海南省自然科学基金青年基金项目	6	张明
171	菠萝自交不亲和候选基因 *S-like RNase3* 克隆及功能分析	2022—2025	海南省自然科学基金青年基金项目	6	井敏敏
172	芒果早晚熟关键 MADS 转录因子筛选及其作用机制研究	2022—2025	海南省自然科学基金青年基金项目	6	郑斌
173	芒果果皮蜡质性状评价与抗炭疽病关联分析	2022—2025	海南省自然科学基金青年基金项目	6	吴婧波
174	芒果转录因子 *MibZIP66* 基因在β-胡萝卜素合成调控中的功能分析	2022—2025	海南省自然科学基金创新研究团队项目	35	马小卫

（续）

序号	项目名称	起止年限（年）	项目来源	经费（万元）	参与人
175	芒果蜡质关键基因挖掘与分子育种	2022—2024	“崖州湾”菁英人才科技专项	36	张绍铃
176	三亚优质早熟红芒种质创制与新品种选育	2022—2024	“崖州湾”菁英人才科技专项	30	詹儒林
177	废弃甘蔗叶制备澳洲坚果育苗基质技术研究	2022—2027	广西壮族自治区崇左市技术攻关与产业应用示范项目	5	杜嵇华
178	晚熟芒果新品种研发	2022—2027	四川省攀枝花市农业农村局委托横向项目	45	姚全胜
179	盐边县芒果品种引种服务	2022—2023	攀枝花市盐边县农业农村局委托横向项目	45	姚全胜
180	湛江高质量发展热带特色水果种业的探索和建议	2022—2024	湛江市哲学社会科学规划项目	0	黄炳钰
181	天然胶乳发泡海绵材料制备关键技术及其产业化应用	2022—2024	广东省科技创新战略专项资金“大专项＋任务清单”	25	李普旺
182	海产品加工废弃物肥料化利用关键技术及其产业化应用	2022—2024	广东省科技创新战略专项资金“大专项＋任务清单”	25	杨子明
183	甘蔗叶双级发酵生物有机肥产品开发及应用	2022—2025	广东省科技创新战略专项资金“大专项＋任务清单”	25	焦静
184	改性壳聚糖-碳纳米管复合材料对重金属离子的电化学响应机制	2022—2024	湛江市科技发展专项资金竞争性分配项目	10	何祖宇
185	基于路径监测的宿根保护性蔗叶捡拾粉碎机构优化研究与应用	2022—2024	湛江市科技发展专项资金竞争性分配项目	10	刘信鹏
186	芒果产业技术服务	2022—2024	湛江市农村科技特派员团队项目	10	姚全胜
187	优稀果树种植技术服务	2022—2024	湛江市农村科技特派员团队项目	10	陈晶晶

（续）

序号	项目名称	起止年限（年）	项目来源	经费（万元）	参与人
188	新型肥料与耕地质量提升技术服务	2022—2024	湛江市农村科技特派员团队项目	10	杨子明
189	乡村人居环境建设	2022—2024	湛江市农村科技特派员团队项目	10	武丽琼
190	香蕉服务	2022—2024	湛江市农村科技特派员团队项目	10	胡会刚
191	富贵竹等秸秆制备盆栽花卉专用基质应用示范及推广	2022—2023	湛江市农业科技创新示范项目	30	黄小红
192	雷州市芒果产业园科技研发体系建设项目技术支撑服务	2022—2024	广西画景饮料有限公司委托横向项目	95	杜丽清
193	澳洲坚果新品种新技术集成示范推广	2022—2024	广东澳盛农业科技发展有限公司委托横向项目	52	杜丽清
194	菠萝优质高产绿色协同关键技术研发与示范	2024—2027*	国家重点研发计划	350	张秀梅
195	澳洲坚果新品种选育	2023—2027	国家重点研发计划	205	杜丽清
196	芒果糖酸品质性状的 QTL 定位及候选基因挖掘	2024—2027*	国家自然科学基金地区科学基金项目	32	武红霞
197	荔枝矮化主效基因 *dw5* 的图位克隆与育种潜力研究	2024—2027*	国家自然科学基金地区科学基金项目	32	王弋
198	马铃薯 *StMAPK3*—*StDof1* 信号通路调控耐盐分子机理研究	2024—2027*	国家自然科学基金地区科学基金项目	33	朱熙
199	番荔枝 SINA1 蛋白介导 *BAM3* 的泛素化修饰调控果实淀粉降解和软化的分子机制解析	2024—2027*	国家自然科学基金地区科学基金项目	32	陈晶晶
200	甘蔗农机农艺融合高质量发展关键技术集成与示范	2023—2025	广东省农技推广中心委托横向项目	40	苏俊波

（续）

序号	项目名称	起止年限（年）	项目来源	经费（万元）	参与人
201	科研设施专项运行费	2023—2023	农业农村部科研设施专项运行费项目	145	陈晶晶、苏俊波、魏长宾
202	物种品种资源保护费	2023—2023	农业农村部物种品种资源保护费项目	56	陈晶晶
203	香蕉物种资源保护与利用	2023—2023	农业农村部政府购买服务项目	8	孙德权
204	荔枝物种资源保护与利用	2023—2023	农业农村部政府购买服务项目	10.93	李伟才
205	澳洲坚果物种资源保护与利用	2023—2023	农业农村部政府购买服务项目	8	邹明宏
206	菠萝物种资源保护与利用	2023—2023	农业农村部政府购买服务项目	8	吴青松
207	普查热带果树资源繁种编目入圃	2023—2023	农业农村部政府购买服务项目	20	陈晶晶
208	农业野生植物资源等调查	2023—2023	农业农村部政府购买服务项目	18.24	胡玉林
209	南亚热带作物种质资源保护（澳洲坚果）	2023—2023	农业农村部政府购买服务项目	8	邹明宏
210	香（大）蕉高效杂交育种技术研发	2023—2024	热带作物生物育种全国重点实验室科研专项	25	胡玉林
211	菠萝种质资源分库（湛江）	2023—2023	国家热带植物种质资源库	4	吴青松
212	制定《芒果品种鉴定 SSR 分子标记法》农业行业标准	2023—2023	农业行业标准制修订项目	5	武红霞
213	澳洲坚果栽培技术规程	2023—2023	农业行业标准制修订项目	5	杜丽清
214	现代农业产业技术体系建设专项麻类体系岗位科学家经费	2023—2023	现代农业产业技术体系建设专项	55	周文钊

（续）

序号	项目名称	起止年限（年）	项目来源	经费（万元）	参与人
215	现代农业产业技术体系建设专项荔枝龙眼体系综合试验站站长经费	2023—2023	现代农业产业技术体系建设专项	42	李伟才
216	现代农业产业技术体系建设专项香蕉体系综合试验站站长经费	2023—2023	现代农业产业技术体系建设专项	42	胡会刚
217	现代农业产业技术体系建设专项香蕉芒果体系岗位科学家经费	—	现代农业产业技术体系建设专项	—	马小卫
218	农业投入品缓控释载体材料的制备与应用示范	2023—2026	广东省重点领域研发计划	40	李普旺
219	耕地土壤酸化防控与绿色发展技术研究与示范	2023—2026	广东省重点领域研发计划	40	宋书会
220	环境友好地膜制备与高值化再制造关键技术与应用	2023—2026	广东省重点领域研发计划	10	杨子明
221	2023 年乡村振兴战略专项——采后处理与保鲜	2023—2023	广东省现代农业产业技术体系创新团队建设	7.3	杜丽清
222	农业科普创新基地	2023—2024	广东省科技创新战略专项	10	杜丽清
223	2023 年乡村振兴战略专项——耕地保育及质量提升	2023—2023	广东省乡村振兴战略专项	7	石伟琦
224	广东省土壤墒情监测	2023—2024	广东省土壤墒情监测项目	4.6	马海洋
225	龙眼产业技术体系创新团队	2023—2023	省级农业科技创新推广及农业资源与生态环境保护建设	5	刘丽琴
226	广东省农作物种质资源圃运行费菠萝部分	2023—2023	广东省农作物种质资源圃运行费	15	吴青松
227	2022 年菠萝种苗繁育技术规程	2023—2023	农业行业标准制修订项目	5	吴青松
228	澳洲坚果优良品种引种、繁殖与示范	2023—2026	广东省清远市科技计划项目	10	蒋卓林、曾辉
229	基于 SPD 调控的芒果绿色高效成花技术研发及应用示范	2024—2026*	海南省重点研发计划	67	许文天
230	菠萝机械化采摘关键技术装备集成研发与示范	2023—2026	海南省重点研发计划	79	薛忠

（续）

序号	项目名称	起止年限（年）	项目来源	经费（万元）	参与人
231	茄子抗青枯病高效育种体系创新及抗病材料创制	2023—2026	海南省重点研发计划	76	肖熙鸥
232	喷施型多功能液体水果套袋制备关键技术研发及应用	2023—2026	海南省重点研发计划	30	杨子明
233	热带特色果蔬高活性功能饮品开发及关键技术集成	2023—2026	海南省重点研发计划	56	杜丽清
234	荔枝雄性不育发生过程的细胞学研究	2023—2026	海南省自然科学基金青年基金项目	6	全振炫
235	基于多组学初步解析龙牙蕉抗枯萎病机理	2023—2026	海南省自然科学基金青年基金项目	6	段雅婕
236	马铃薯转录因子 StWRKY6 抗青枯病机理解析	2023—2025	海南省自然科学基金青年基金项目	6	陈卓
237	*AsMYC2* 调控剑麻紫色卷叶病抗性机制研究	2023—2026	海南省自然科学基金青年基金项目	6	鹿志伟
238	不同酯化度的芒果皮果胶改善芒果浊汁稳定性的作用机制研究	2023—2026	海南省自然科学基金青年基金项目	6	李娅
239	ERF 转录因子调控番石榴果实酯类物质合成的分子机制研究	2023—2026	海南省自然科学基金面上项目	7	乔健
240	马铃薯 *StMAPK3*—*StWRKY8* 信号通路调控耐盐分子机理研究	2023—2026	海南省自然科学基金面上项目	7	朱熙
241	基于效应蛋白的剑麻抗斑马纹病基因筛选与鉴定	2023—2026	海南省自然科学基金面上项目	7	杨子平
242	干旱胁迫下水氮空间耦合调控菠萝根系分布和养分	2023—2026	海南省自然科学基金面上项目	7	马海洋
243	龙眼愈伤组织褐变机理解析及遗传转化体系优化	2023—2026	海南省自然科学基金面上项目	7	周建男
244	基于全基因组关联分析的澳洲坚果果实主要品质性状遗传基础研究	2023—2026	海南省自然科学基金面上项目	7	万继锋

（续）

序号	项目名称	起止年限（年）	项目来源	经费（万元）	参与人
245	菠萝叶纤维基高吸水树脂的构建及对尿素的释放机理研究	2023—2026	海南省自然科学基金面上项目	7	刘运浩
246	菠萝机械化种植机在马来西亚的技术转移示范	2024—2026*	海南省国际科技合作研发项目	100	薛忠
247	海南省热带园艺产品采后生理与保鲜重点实验室	2023—2023	海南省重点实验室运行经费	30	姚全胜
248	海南省热带作物营养重点实验室	2023—2023	海南省重点实验室运行经费	30	马海洋
249	海南省国家级科普教育基地吸引力影响因素研究	2023—2027	海南省社科规划类一般项目	3.5	陈英敏
250	云南省谢江辉专家工作站	2023—2025	云南省科技计划	36	普亚云、谢江辉、王松标、陈晶晶等
251	2023年广西科技特派员保障经费（曾辉）	2023—2023	广西乡村科技特派员项目	1.4	曾辉
252	2023年广西科技特派员保障经费（陈菁）	2023—2023	广西乡村科技特派员项目	1.4	陈菁
253	2023年广西科技特派员保障经费（邹明宏）	2023—2023	广西乡村科技特派员项目	1.4	邹明宏
254	芒果细菌性干枯病病原菌分离与鉴定	2023—2024	重点实验室开放课题	8	柳凤
255	至诚为农——农业科学家家国情怀和学术品格的传承与发展	2023—2023	中国科学技术协会资助项目	9	陈英敏
256	“翱翔之翼”大学生科技志愿服务项目	2023—2024	中国科学技术协会资助项目	5	陈英敏
257	抗水心病菠萝新品种选育及试验示范	2024—2026*	湛江市科技计划	10	孙伟生
258	基于超高温发酵的菠萝茎叶有机肥制备关键技术研究及应用示范	2024—2026*	湛江市科技计划	10	杜嵇华
259	微环境响应型两亲性壳聚糖纳米微球药物载体材料的构建及其性能研究	2024—2026*	湛江市科技计划	10	杨子明

（续）

序号	项目名称	起止年限（年）	项目来源	经费（万元）	参与人
260	EMS诱变技术培育菠萝新品种	2024—2026*	湛江市科技计划	10	戴小红
261	早熟、抗青枯病马铃薯新品种选育	2024—2026*	湛江市科技计划	10	陈卓
262	荔枝新品种选育及推广应用	2024—2026*	湛江市科技计划	10	李伟才
263	基于刚柔耦合力学模型的菠萝采摘执行机构设计与优化	2024—2026*	湛江市科技计划	10	李海亮
264	农业科普创新基地	2024—2026*	湛江市科技计划	10	杜丽清
265	香蕉种质资源的保护和利用	2024—2026*	湛江市科技计划	10	贾志伟
266	芒果产业科技支撑服务补充协议	2023—2024	芒果产业科技支撑服务补充协议	29.8	姚全胜
267	丽江晚熟芒果新品种研发合作协议	2023—2026	丽江晚熟芒果新品种研发合作协议	30	武红霞
268	华坪芒果绿色高效种植关键技术研发及示范	—	华坪芒果绿色高效种植关键技术研发及示范	16	姚全胜
269	芒果品种引进协议	—	攀枝花市锐华农业开发有限公司委托引进芒果品种	50	姚全胜

* 该项目于2023年立项。

第四节　各类科研产出概况

2019年以来，南亚所取得各类科研成果58项，其中获奖成果36项，获奖成果中国家级奖励1项、省部级奖励24项、地市及院校级奖励8项；共评价成果7项，达国际先进水平成果4项，国内先进水平成果3项，完成登记成果15项；授权专利259件，其中发明专利105件，实用新型专利154件；获得植物新品种权38件；编写出版著作44部；获软件著作权51项；发表论文566篇；选育芒果、香蕉、菠萝等新品种14个；制修订标准19项。

2019年以来，南亚所取得的主要科研成果统计见表3-2。

表 3－2　南亚所主要科研成果统计

成果类型		年份					合计	总计
		2019	2020	2021	2022	2023		
获奖成果	国家级	0	1	0	0	0	1	36
	省部级	6	8	3	4	3	24	
	地市及院校级	0	5	6	0	0	11	
	小计	6	14	9	4	3	36	
成果鉴定	评价	0	0	3	4	0	7	22
	登记	1	6	5	1	2	15	
	小计	1	6	8	5	2	22	
品种	登记	0	0	4	3	7	14	52
	新品种保护	0	0	1	18	19	38	
	小计	0	0	5	21	26	52	
授权专利	发明专利	7	8	15	35	40	105	259
	实用新型专利	41	54	32	22	5	154	
	小计	48	62	47	57	45	259	
著作	专著	19	7	10	6	9	44	95
	软件	0	7	31	8	5	51	
	小计	19	14	41	14	14	95	
论文	中文文献	55	45	103	112	63	378	566
	外文文献	17	26	39	57	49	188	
	小计	72	71	142	169	112	566	
制修订标准		2	6	5	2	4	19	19

第四章 科技服务

南亚所立足湛江，服务热区，重点服务于广东粤西地区、广西右江河谷地区、云南滇南热区、海南三亚地区、金沙江干热河谷地区、贵州黔西南热区等地区，结合承担的各类科研项目及发挥国家现代农业产业技术体系岗位科学家、试验站的职能，为科技服务“三农”工作、助力乡村全面振兴、助推“百千万工程”（由广东省科学技术厅主办的2023年广东省农村科技特派员助力“百县千镇万村高质量发展工程”）高质量发展作出了贡献。

第一节 科技服务“三农”助力乡村振兴

一、多种模式助力科技服务“三农”

（一）院地合作添新力军，“攀枝花模式”添新篇

四川省攀枝花市地处金沙江干热河谷流域，是我国最重要的晚熟芒果种植优势区域。南亚所科技人员长期扎根攀枝花，从新品种、树体综合管理技术、病虫害防控技术、养分综合管理技术研究到示范推广，从政策保障、技术支撑到产研融合，从果园到新农学校，逐渐形成了科技支撑地区芒果产业发展的典型产业服务模式。

为更好开展科技服务和院地合作，2015年5月14日，热科院与攀枝花市政府签订《共建南亚热带作物科技创新中心协议书》，2017年12月10日，热科院与攀枝花市政府签订《共建中国热带农业科学院攀枝花分院合作框架协议》。2020年4月30日，中国热带农业科学院攀枝花分院更名为中国热带农业科学院四川攀枝花研究院；2020年6月5日，攀枝花研究院揭牌，由南亚所负责管理。南亚所内部设立攀枝花研究院综合办公室，具体负责攀枝花研究院的日常管理。2023年底，攀枝花研究院综合办公室开始着手注册民办非企业单位法人，拟定单位名称为“攀枝花热科特色热带农业研究院”。

攀枝花研究院的设立，不仅使院地所地关系更加紧密，也让芒果“攀枝花模式”科技服务水平得到进一步提高，服务领域也从芒果向澳洲坚果、牛油果等其他特色热带经济作物延伸。目前，攀枝花研究院主要围绕芒果等特色热带经济作物，开展新品种选育、植物营养与高效施肥、病虫害绿色防控、农产品保鲜与深加工等方面的科研工作。近年来，南

亚所科技人员依托攀枝花研究院共开展了包括“芒果新品种在攀枝花市的试验示范项目”“攀西地区澳洲坚果优良品质示范推广项目”“四川省特色水果优质安全高效生产关键技术示范推广项目”等十余项科技项目的研究。

1. 支撑地方科技服务平台。2022 年 12 月，攀枝花研究院帮助攀枝花市获批四川省攀枝花芒果科技小院，并由南亚所芒果专家王松标研究员作为首席专家，攀枝花研究院 2 名科研人员作为首批入驻科技人员，开展芒果新品种试验示范、轻简省力化栽培技术研究、黑心病防控研究、细菌性角斑病调查等方面的科技研究工作。

2. 向地方政府建言献策。2023 年，攀枝花研究院组织科技人员到攀枝花开展专题调研，编写《攀枝花芒果产业发展现状及对策》《关于在攀枝花市推进澳洲坚果产业发展的建议》，向攀枝花市政府建言献策，获攀枝花市分管农业农村工作的副市长龙勇肯定性批示；攀枝花研究院组织专家帮助攀枝花开展四川省攀西晚熟芒果产业集群项目实施方案的编制以及项目申报工作，2023 年该产业集群项目获批，项目资金 1.2 亿元，在攀枝花仁和、米易、盐边，凉山州会理、会东共 5 个县（区）实施。

2024 年，攀枝花研究院组织专家编写高山蔬菜、香料饮料产业 2 份调研报告，获时任攀枝花市委书记张正红肯定性批示，并安排资金予以支持。

3. 开展科技培训。2021—2024 年，积极争取承办攀枝花市乡村振兴暨奶油果产业技术人才培训、攀枝花市基层农技人员知识更新培训、攀枝花市仁和区农民合作社高质量发展培训等，培训农技人员 1 000 余人。

4. 推动产业升级。2023 年，推动南亚所与攀枝花市锐华农业开发有限责任公司签订《芒果保护权新品种合作推广应用协议》，示范推广芒果新品种，目前已在攀枝花示范推广热农 5 号等 4 个芒果新品种约 1 000 余亩。

（二）澳洲坚果花开热区，创新模式服务产业

根据澳洲坚果树种和品种特性，构建了以企业为主体、市场为导向、产学研相结合的澳洲坚果产业链关键技术集成创新与示范推广体系。以引进澳洲坚果优良品种为基础，一方面坚持“自主创新、支撑发展、引领未来”的方针，增强共性、核心技术突破能力，突破制约澳洲坚果产业转型升级的优良品种培育、高效栽培、产品加工等关键技术，占领产业发展的制高点；另一方面，加快推广运用新品种和新技术发展产业，大幅提升澳洲坚果产业现代化水平。

针对广东热区的气候特点，摸索、研究适合轻简化澳洲坚果产业链的关键技术，并把这些技术应用于广东省澳洲坚果企业、澳洲坚果合作社、骨干农户等，进行快速推广，生产出优质的澳洲坚果产品，在此基础上，鼓励企业加大品牌的建立与宣传，组织新闻发布会，积极参加各地博览会、展销会。支持阳春市澳洲坚果被农业农村部农产品质量安全中心纳入 2020 年第三批全国名特优新农产品名录，并核发其全国名特优新农产品证书，支持岗美镇入选 2021 年国家农业产业强镇创建名单，支持广东省澳盛农业科技发展有限公司建设澳洲坚果省级现代农业产业园。

构建了“政产学研用”一体化科技服务平台和“科研院所＋地方政府＋龙头企业＋示范基地”推广模式，创新集成全程绿色高效生产技术体系，签订产销服务合作协议，构建“产—销—服”协同机制，解决产品销售难题，助力脱贫攻坚和乡村振兴，促进广东省澳洲坚果生产节本增效，推动澳洲坚果产业的可持续发展；研发自动化加工设备及高附加值产品，实现了我国澳洲坚果加工产业多元化发展，促进了产业转型升级；构建澳洲坚果全产业链标准化技术体系，增强了我国澳洲坚果国际竞争力。促进广东的澳洲坚果种植面积由2010年的0.2万亩增加至2022年的15万亩，已成为国内澳洲坚果种植面积第三大的省份，取得了显著社会经济效益，对脱贫致富、乡村振兴起到重要作用。

（三）打造五位一体科技服务模式，推动产业振兴发展

为解决蚕桑资源利用率低、高附加值产品少和种养品质不稳定的问题，加大蚕桑资源的开发利用，推动乡村蚕桑产业振兴发展，提高农户的收入水平，在南亚所旱作新材料研究团队科技人员的牵头组织下，联合广东省农业科学院蚕业与农产品加工研究所的科技人员成立科技特派员工作小组，多次到吴川市长岐镇新联村蚕桑种养扶贫基地开展产业技术需求调研、蚕桑种养与加工利用技术指导，与长岐镇政府、新联村委会和蚕桑种养扶贫基地的企业负责人进行多次交流对接，为新联村蚕桑种养扶贫基地带去蚕桑绿色种养技术和蚕桑资源高值化产品开发技术，解决了桑果、桑叶、桑枝、蚕蛹和蚕沙等蚕桑资源利用率低和种养品质不稳定的问题，开发了桑葚酒、桑葚糕、蚕桑茶和蚕丝面膜等高附加值产品，为提高蚕农收入水平发挥了重要作用。科技人员与长岐镇人民政府、吴川市新联种养专业合作社和新联村委会签订了《共建科技扶贫实践基地协议》并挂牌，积极打造地方政府、主体企业、高等院校、科研机构和农户的“政产学研村”五位一体合作模式，切实发挥科研机构和科技人员在乡村振兴工作中的支撑引领作用。

为宣传新联村蚕桑特色产业，打造蚕桑产业品牌，推动蚕桑资源在天然材料领域的应用，南亚所科技人员在2020年新冠疫情期间，联合北京理工大学、杭州市化工研究院、吴川市新联亿圣蚕桑种养专业合作社组织开展了“天然材料成就美好未来”云直播活动。通过多地协作直播的方式，以天然材料发展及其产业化应用为主线，采用“线上组织、线上指导、属地实践、远程协同”的“线上＋线下”联动技术宣传与技术服务新模式，为全国网民带来形象生动的科普教育课，同时宣传了新联村蚕桑种养扶贫基地的蚕桑产业品牌。

（四）发挥科技培训平台优势，培养乡村振兴人才队伍

南亚所凭借其雄厚的科研实力和丰富的实践经验，在服务“三农”、助力乡村振兴方面走出了一条独具特色的道路。

作为科研院所单位，南亚所拥有众多长期在一线工作的科研人员，他们深入农村，为“三农”事业提供贴心服务。通过为农技人员和农民开展常态化的农业技术培训，积累了丰富的培训经验。目前，已向广东省及湛江市选派农村科技特派员共计60余人次，为技

术服务工作提供了强大的人力和技术支持。除已建成“国家热带果树种质资源圃”“国家土壤质量湛江观测实验站”“国家农业绿色发展长期固定观测湛江试验站”“农业农村部热带果树生物学重点实验室”“广东省南亚热带作物种质资源圃”“广东省旱作节水农业工程技术研究中心”“广东省南亚热带作物种业创新中心”“海南省热带园艺产品采后生理与保鲜重点实验室”“海南省热带作物营养重点实验室”等20个省部级以上科技创新平台外，还拥有多样的科研和示范基地，如澳洲坚果、菠萝、剑麻、荔枝、龙眼、香蕉示范基地，鲜果乐园，南亚欢乐田园等。

在师资资源方面，南亚所与热科院及院属各兄弟单位合作，实现了师资资源共享。并与包括华中农业大学、南京农业大学等在内的众多涉农高校，以及广东省新型职业农民培育示范基地——广东茗皇茶业有限公司等单位签订合作协议，构建了强大的师资网络。

积极配合地方政府工作，紧密围绕稳粮保供、巩固拓展脱贫攻坚成果同乡村振兴有效衔接，扎实推进乡村发展、乡村建设和乡村治理，重点面向家庭农场主、农民合作社带头人和种养大户，统筹推进新型农业经营和服务主体能力提升、种养能手技能培训、农村创新创业者培养、乡村治理及社会事业发展带头人培育等行动，大力培育高素质农民队伍。

自2019年以来，南亚所积极承办或协办各类主题培训班及科技人员下乡培训指导达110余期，培训人数超过8 000人。专题培训班类型多样，包括广东省湛江市2020年高素质农民培训班、四川省攀枝花市仁和区农民合作社高质量发展培训班等。这些培训工作受到学员们的一致好评，并多次被新华网、湛江日报等多家媒体报道，充分肯定了南亚所充分发挥科技培训平台及人才队伍优势，注重培训实效和质量，为培养扩充高素质农民、新型农业经营主体等农业新力军，以及在助力产业发展、脱贫攻坚、乡村振兴、新农村建设等方面所作出的卓越贡献。南亚所的科技培训模式为其他单位提供了有益的借鉴，有望推动更多科技力量投身于“三农”服务，为乡村振兴事业注入源源不断的动力。

二、科技推动产业发展

（一）芒果

芒果是我国热带亚热带地区重要的经济作物。近年来，南亚所芒果研究团队研发的新型芒果控梢促花调控药剂，将成花率提高到80%，可大大降低常规多效唑控梢造成的树势衰退、无胚果率高等不良影响，且对树势无不良影响；基于次生代谢解析了新型药剂促进芒果成花的生理生化机制，厘清了诱导金沙江干热河谷山地芒果果肉溃败的营养机制，从生理和分子角度阐述了芒果果肉溃败与果实亚细胞水平钙分配之间的关系；建立了芒果矮化砧木快速培育技术，可实现当年育苗，次年出圃（比常规育苗可缩短1年时间）。一次次的技术突破，为产业发展带来新的动力。

2020年，攀枝花研究院挂牌运行，标志着热科院与攀枝花市政府密切合作进入了新阶段。同年，在攀枝花市开发建设55周年科技创新大会上，南亚所专家范辉建获突出贡献奖，姚全胜获科技合作奖，攀枝花芒果产业发展关键技术研究与应用团队获科技创新特别成就奖。

多年来，南亚所芒果育种团队奔走于国内芒果主产区，聚焦解决芒果种业“卡脖子”问题。2022 年，在院地合作的背景下，南亚所与攀枝花市锐华农业开发有限责任公司经过近 20 年的努力合作选育出 17 个芒果植物新品种。截至 2024 年上半年，热农 5 号、热农 18 号、锐华 3 号、锐华 5 号 4 个新品种已经在攀枝花盐边、米易、西区推广种植 1 000 多亩，实现我国完全自主知识产权芒果新品种登台亮相。十多年的辛勤付出，终于换来硕果累累。

在芒果下游产业方面，南亚所芒果深加工研究团队已成功开发出芒果汁、冻干芒果脆片、芒果果糕、芒果干、芒果果粉 5 款高附加值食品。此外，该团队对芒果核仁油进行高品质提取，并基于芒果核仁油研发了面膜、日霜、防晒霜、修复霜等具有市场前景的化妆品 6 款，延长了芒果精深加工产业链，在精深加工技术研究及产品开发上取得了重要进展。

（二）菠萝

近年来，南亚所菠萝研究团队在科技赋能菠萝产业方面持续发力。筛选出适合春节前生产的菠萝品种 4 个，分别与海南澄迈、临高、昌江等地合作，建立示范推广基地，推广手撕菠萝、甘蔗菠萝、西瓜菠萝新品种并开展技术配套研究，持续开展新品种登记工作。在菠萝专用肥料方面，与其他普通肥料相比，研发的菠萝专用水溶性肥可使菠萝增产 5%，节省肥料 15%。在广东徐闻、雷州建设菠萝新品种标准化生产示范基地 500 亩，推广菠萝产期调节技术及防日灼技术，快速繁殖优质种苗 10 万株。菠萝研究团队通过与湛江市农业技术推广中心开展合作，充分发挥各自在品种培育与示范推广方面的优势，创建了 2 个现代化菠萝优质种苗繁育基地并已投入使用，可繁育优质菠萝种苗 440 万株/年以上，菠萝新品种培育能力和自给能力大幅提升。

在机械装备方面，研发优化菠萝种植、收获装备 5 套，加速了菠萝产业机械化进程，为普遍适用性机械装备的推出与应用起到了支撑示范作用。

在标准体系建设方面，以优化菠萝产品标准提升产品质量为抓手，围绕菠萝品质提升，修订农业行业标准 1 项，发布实施湛江市地方标准 1 项、团体标准 14 项，制定企业标准 4 项，构建了相对完善的菠萝产、加、销、储标准体系。

（三）澳洲坚果

澳洲坚果作为果树栽培的时间很短，只有数十年的历史，但发展速度非常快。1979 年南亚所开始进行澳洲坚果的引种试种研究。20 世纪 80 年代初，我国广东、广西、海南、云南、贵州、四川、福建等省份不少单位也开始引入优良品种试种。澳洲坚果从此成为我国南方 20 年来引种试种最热门的果树之一，发展速度与规模呈快速增长之势。

近年来，南亚所澳洲坚果研究团队与云南省临沧市林业和草原局、临沧市林业科学院、永德县人民政府、永德县林业和草原局开展合作，签署了《永德县人民政府、中国热带农业科学院南亚热带作物研究所、云南省临沧市林业科学院科技合作框架协议书》《临沧市林业科学院、中国热带农业科学院南亚热带作物研究所、永德县林业和草原局临沧市澳洲坚果种质资源圃合作建设协议》和《永德县临沧坚果全产业链发展规划（2022—2026年）》。助推临沧市澳洲坚果产业科技创新和关键技术集成推广应用，把临沧市的澳洲坚果特色产业做强做大，实现临沧市澳洲坚果产业快速稳步健康发展。

通过与广西壮族自治区崇左市人民政府合作，把南亚 3 号、南亚 116 号和 A16 澳洲坚果优良品种列入供苗名录，开展澳洲坚果优良品种和高效栽培技术示范与推广工作，支持崇左市到 2025 年实现新植澳洲坚果 80 万亩以上、澳洲坚果种植总面积达 100 万亩以上、年产值 100 亿元以上的目标。

在西藏墨脱和察隅建立澳洲坚果等南亚热带水果引种试种基地，研究澳洲坚果不同品种的适应性，筛选出适宜该地种植的品种，建立配套的丰产优质栽培技术体系。在以往工作的基础上，继续开展优良品种配套技术服务和茶树—澳洲坚果间作模式试验示范，表现出良好的协同促进效应，相得益彰。

支持阳春市建成广东省澳洲坚果种植面积最大种植区，在建澳洲坚果省级现代农业产业园，总面积约 8 万亩。2020 年，阳春澳洲坚果被农业农村部农产品质量安全中心纳入第三批全国名特优新农产品名录，并核发其全国名特优新农产品证书。项目团队以春城、合水、春湾、河朗、圭岗、永宁、双滘、三甲、八甲及岗美等镇（街道）为主要示范推广区域，支持广东澳盛农业科技发展有限公司建 1 万亩澳洲坚果生产示范基地，岗美镇入选 2021 年国家农业产业强镇名单。在政府的规划指导和项目团队支持下，澳洲坚果产品的精深加工比重明显增加，产业链条明显延长，产品附加值明显提高，市场竞争力明显增强，目前产品加工率达 50%以上。阳春市 8 万亩澳洲坚果全部进入丰产期后，带壳果年总产量可达 1.6 万吨以上，总产值 6.4 亿元以上，通过精深加工，其效益还会成倍增加。通过典型示范、提供优质种苗和技术指导辐射带动周边农户扩大种植面积，形成龙头企业、乡村政府、农户联合开发的多元合作格局。

为深入实施乡村振兴战略，进一步优化民族地区农业产业结构，持续改善民族地区生态环境，助推各少数民族地区走上现代化道路，2022 年和 2023 年南亚所陆续在四川米易、盐边等地的彝族乡、傈僳族乡等 88 个试种地点试种澳洲坚果，已种植澳洲坚果面积约 700 亩。项目实施地平均海拔在 1 200～1 800 米之间，居住有农户 1 130 余户共计4 500 余人，地处二半山区，主导产业为玉米、芒果、青花椒、核桃种植，以及鸡、羊、牛养殖等。通过近几年水、电、路及住房等项目建设和产业帮扶，基础设施得到很大改善，农民收入大幅增加，村民调整产业结构盼望增收致富愿望强烈。为了推动项目的顺利实施，南亚所澳洲坚果团队在试种地开展了多次技术培训并紧密跟踪基地苗木长势，及时进行指导，目前试种地植株生长旺盛。2023 年产业调研后形成了《攀枝花市澳洲坚果产业发展现状及对策》。项目的实施将对推动民族地区特色产业持续发展、增长群众收入、进一步改善村容村貌、加深各族人民相互交往交流交融、推动民族地区和谐发展、提升群众幸福感满意度起到重要作用。

（四）荔枝

荔枝是我国华南各省（自治区）农业农村经济的重要支柱产业之一，也是我国最具竞争优势、出口潜力大的南亚热带果品之一。南亚所秉承“立足广东，服务热区”的宗旨，重点服务广东（湛江、阳江）及海南、广西等荔枝主产区，为荔枝产业高质量发展提供技术服务和科技支撑。

围绕荔枝产业问题和技术需求，针对品种结构不合理、优质品种成花难、保花保果难、病虫害防控难等技术瓶颈，开展了荔枝资源收集、评价和利用，系统开展了高接换种、花穗调控、保花保果、病虫害防控等方面的研究。合作选育出优质易成花品种仙桃荔、巨美人、早妃和双喜荔等。针对荔枝花穗长、花量大、易出现“花而不实”、人工疏花费时费工等生产问题，开展了不同花穗调控技术的研究与筛选，在系统研究荔枝花穗调控生理和分子机制的基础上，创建了荔枝花穗调控新技术，该技术比传统处理方式省工90%，增产40%以上，节省疏花人工，促进了荔枝增产增效。针对低值品种大面积失管的状况，创建荔枝高接换种新技术，包括枝组选择、接穗优选、嫁接方法、嫁接后栽培管理等关键环节，明确了“大枝嫁接”能有效地解决嫁接亲和性弱的问题，促进树冠快速形成、提早结果并提高抗风能力。首次提出了“荔枝轻简栽培”的技术理念，在荔枝花穗调控、结果母枝培养及高接换种等高效生产技术方面研究取得创新性成果，研发集成荔枝高产高效生产关键技术，有效缓解了荔枝生产中存在的控梢促花难、保花保果难、病虫害防控难、劳动力成本高等突出问题。为广东、海南和广西等荔枝主产区提供了重要的技术支撑。

（五）剑麻

南亚所剑麻研究的历史可追溯到1958年华南热带作物科学研究院（以下简称“热作院”）成立的硬质纤维组，1966年初，热作院硬质纤维组到广东湛江农垦东方红农场建立剑麻样板点，1975年该组并入湛江农垦局成立的剑麻研究所，1979年6月，经农垦部生产科教局批示，广东省湛江农垦局所属剑麻研究所并入粤西试验站，1980年剑麻研究所正式并入粤西试验站，成立剑麻研究组，曾友梅、余让水、林苾、李林基、谢恩高、王东桃等科技人员随迁到粤西试验站，从此剑麻研究成为南亚所重要科研任务之一。

2019年，剑麻科研团队为了解剑麻生产管理现状，深入湛江农垦剑麻生产农场进行生产调研。围绕剑麻品种遗传改良与资源循环利用模式深入开展研究，制定了剑麻品种审定规范技术标准，有效规范了国内剑麻品种的鉴定与评价。团队科技人员深入石漠化区开展剑麻生产调查，积极开展科技扶贫工作，针对石漠化区剑麻生产的技术需求为剑麻种植户提供技术咨询和服务。与广东省东方剑麻集团有限公司就剑麻农业技术合作研究建立了框架协议，通过剑麻种业创新和高效生产技术集成助推湛江剑麻国家现代农业产业园建设。针对剑麻园建设基础差、麻园管理技术不到位和种植效益低等问题，有针对性地开展了标准化剑麻园建设技术培训，湛江垦区农场40名生产管理技术骨干和55名剑麻种植大户共95人参加了培训，通过标准化剑麻园建设等技术培训，提振麻农植麻信心，提高剑麻园建设与管理水平。

2020年，在广西扶绥县人民政府与热科院科技合作框架下，于热科院广西研究院设立南亚所扶绥热带农业综合实验室，剑麻品种改良团队周文钊、杨子平兼任技术骨干并负责建立剑麻产业技术研究中心，按照工作需要不定期到基地驻点，围绕扶绥剑麻产业技术需求开展剑麻产业技术研究与示范，重点任务是开展剑麻抗性高产新品种选育、抗性种苗繁育与应用、高效栽培模式研究与示范、废渣多用途利用技术研究与示范等。同年，与湛江农垦建立了长期的科技合作工作机制，与垦区农技推广体系融合形成统一组织，协调联合剑麻农技培训工作，对生产突发问题形成统一反馈渠道。与垦区科技人员形成联合攻关机制。

2021年，剑麻科研团队成员参加了麻类产业技术体系乡村振兴产业技术顾问组，对接云南广南进行剑麻产业帮扶工作；编制了《剑麻灾害预防与灾后处理技术方案》，为剑麻种植区灾害预防提供技术支持。围绕扶绥剑麻产业技术需求，与当地剑麻企业联合申报了广西崇左农高区科技专项，拟通过项目推进扶绥剑麻产业技术研发。通过与湛江农垦局和广东农工商职业技术学院联合形成产学研一体的剑麻科技培训模式，推进科技入户，年度培训剑麻农技骨干40名，持续推进剑麻生产技术的推广应用。

2022年，剑麻科研团队通过优质种苗培育技术与标准化剑麻园建设技术的宣贯实施，在云南广南篆角和广东、广西剑麻种植区推介优质种苗的培育与应用，以种植示范提高麻农对种苗质量和麻园建设质量的认识，扭转麻农先种麻再寻找技术的弊端，提高麻园建设质量，为丰产麻园的建立奠定基础。针对湛江垦区剑麻园病害日趋严重的问题，及时到主要植麻农场病害重的麻园实地调研，帮助麻农识别病虫害并分析发生原因，指导麻农落实病虫害防控和麻园管理措施，提振麻农植麻信心，避免大面积麻园淘汰。将技术培训与农垦企业的农技培训计划深度融合，助推湛江垦区剑麻生产的恢复与发展，服务湛江剑麻国家现代农业产业园建设。

2023年，剑麻科研团队结合中国热带作物学会剑麻专业委员会工作平台，将体系工作与服务企业有效对接，与广东省东方剑麻集团有限公司和广西剑麻集团有限公司等主要剑麻企业建立了科企合作机制，深入企业调研，及时掌握剑麻生产和贸易情况，形成通畅的剑麻产业信息交流渠道。针对麻农淘汰麻园的跟风潮，及时调研湛江垦区东方红农场、五一农场、火炬农场、幸福农场等剑麻生产基地的拟淘汰麻园，逐个帮助麻园辨别剑麻病虫害和植株营养失衡原因，对有恢复生产潜力的麻园，向湛江农垦局生产科技处提出暂缓淘汰和加强抚管的建议，大大降低拟淘汰麻园的比例，保障了湛江垦区剑麻平稳发展。

（六）甘蔗

甘蔗是我国第一大糖料作物，其种植面积占我国常年糖料作物种植面积的85%以上，产糖量占食糖总产的90%以上，甘蔗产业已成为我国南方省份甘蔗优势区域经济发展的重要支柱和农民增收的主要来源之一。

近年来，南亚所甘蔗研究团队潜心于甘蔗新品种选育，截至2024年，育成热甘1号等甘蔗新品种15个，登记甘蔗新品种1个，获新品种权证书8件；其中热甘1号连续在2023年、2024年入选广东省农业主导品种，选育的“热甘”系列品种在粤西甘蔗产区逐渐被农民接受，成为粤西甘蔗品种改良的生力军。

从2021年始，南亚所甘蔗研究团队先后与隆安洋浦农业科技有限公司、广西大学、广西南亚热带农业科学研究所、云南省农业科学院甘蔗研究所等企事业单位签订长期联合育种协议，2023年共培育甘蔗杂交实生苗31.5万株，规模全国第一；2024年培育甘蔗实生苗83.2万株，约占全国总数的2/3；目前筛选出优良甘蔗品系2 400个，广西扶绥在生产上扩繁的新品系3个。

此外，随着甘蔗农机农艺融合技术研究的深入开展，甘蔗研究团队总结出了一套适宜粤西蔗区推广的甘蔗机械化栽培技术，并出版专著《粤西甘蔗机械化栽培技术实践》，对指导粤西甘蔗全程机械化生产具有实践参考价值；先后在广东遂溪北坡镇、广东雷州纪家镇建立1 000亩以上的农机农艺融合示范基地，辐射示范超过2万亩，研发汇总了一套适宜湛江市推广应用的甘蔗机械化配套栽培技术，推动了湛江市甘蔗生产全程机械化的应用。“基于中小型收获机的甘蔗农机农艺融合技术模式”入选2023年农业农村部农业主推技术，并且在2023年、2024年连续入选广东省农业主推技术。在这些技术模式的支撑下，湛江市甘蔗生产机械化水平快速发展，全程机械化率从2016年的不足40%发展到当前的55%以上。

（七）香蕉

南亚所深入贯彻落实国家对热区经济发展的战略部署，积极推动香蕉产业的健康稳定发展。作为我国热区经济的重要支柱产业之一，香蕉产业在广东地区，特别是在湛江和茂名等地的乡村振兴中扮演着极其重要的角色。南亚所依托国家香蕉产业技术体系湛江综合试验站，为粤西地区的香蕉种植户、合作社和相关企业提供了全方位的技术服务和科技支持。通过香蕉优质栽培管理技术培训，帮助当地香蕉产业提升了产量与品质，有力地促进了香蕉产业的可持续发展。

热科院南亚所香蕉团队以香蕉产业问题为导向，开展的主要工作包括以下三方面：

第一，服务乡村振兴：在广东茂名、遂溪、廉江等地常年开展科技培训，服务区域内的蕉农800余名，指导香蕉病虫害防控和优质生产；第二，新品种选育：通过诱变育种和杂交育种手段先后获得一系列香蕉新品种（系），持续选育优质抗病苗。目前，获得的香蕉新品种（系）主要有金龙蕉1号、红龙蕉1号、南粉系列的粉蕉、南角系列的大蕉；第三，枯萎病防控技术：对土壤消毒改良，改造土壤结构，增施有机肥，减少化肥使用，调节pH，利用微生物菌肥抑制病原菌生长，调节土壤生态系统微环境，通过这些措施有效抑制病原菌，防控枯萎病。在各县（市、区）香蕉园建立枯萎病防控试验示范点，改善香蕉园土壤，控制生产成本、促进香蕉园增产、农民增收。

三、科技推广

在现代农业中，新品种和新技术的不断涌现为农业发展注入了新的活力。农业现代化，种子是基础。2020 年中央经济工作会议提出“解决好种子和耕地问题”“立志打一场种业翻身仗”。2021 年 7 月 9 日，中央全面深化改革委员会第二十次会议审议通过《种业振兴行动方案》，强调要把种源安全提升到关系国家安全的战略高度，集中力量破难题、补短板、强优势、控风险，实现种业科技自立自强、种源自主可控。多年来，在全所科技人员的不懈努力下，南亚所在新品种、新技术、新产品推广应用与示范方面，取得了许多可喜的成绩。

（一）把新品种送到田间地头，把新技术传到千家万户

2021 年，南亚所 2 个品种和 5 项技术分别入选 2021 年广东省农业主导品种和主推技术。其中主导品种分别是 OC 澳洲坚果和 922 澳洲坚果；主推技术分别是“菠萝叶芽扦插快速育苗技术”“菠萝产期调节技术”“澳洲坚果产地初加工关键技术与应用”“基于 WGD-3 配方的澳洲坚果嫁接育苗技术”和“荔枝高接换种提质增效技术”（第二完成单位）。

2022 年，南亚所 2 个品种和 1 项技术分别入选 2022 年广东省农业主导品种和主推技术。其中主导品种是湛试 32713 橡胶树和 922 澳洲坚果；主推技术是“澳洲坚果产地初加工关键技术与应用”。

2023 年，南亚所 2 个品种和 2 项技术分别入选 2023 年广东省农业主导品种和主推技术。其中主导品种是热甘 1 号甘蔗和 922 澳洲坚果；主推技术是“基于中小型收获机的甘蔗农机农艺融合技术”和“荔枝高接换种提质增效技术”（第二完成单位）。

近年来，南亚所在新品种选育和新技术开发工作方面保持良好势头。下一步，南亚所将继续做好新品种新技术研发工作，同时把推广农业主导品种、主推技术作为重要工作内容，不断提升品种和农技推广手段，依托南亚所多个科技平台大力推广应用，使良种良技真正应用到农业生产中，促进农民增产增收，助力乡村振兴。下面是部分新品种和新技术简介。

热农 1 号芒果：该品种丰产稳产，果实外观好，果形端正，大小适中，肉质细腻纤维少，品质优，商品果率高，抗病性强，适应性广。适宜在我国芒果主产区种植，尤其是广西、云南和四川的干热河谷产区。截至 2023 年底，在金沙江和右江干热河谷地区已推广种植 15 万亩以上。

热甘 1 号甘蔗：该品种是以 CP94-1100 为母本、新台糖 22 号（ROC22）为父本进行杂交选育获得的甘蔗新品种，具有分蘖力强、宿根性好、茎中大、脱叶性好、含糖量高、高产稳产等特点。属于早中熟高糖品种，成熟期含糖量为 14.5%～14.8%，新植及宿根平均理论产量达 7.12 吨/亩，比对照 ROC22 增产 10.73%。适宜在广东湛江干旱、半干

旱地区冬春季种植。截至2023年底，已推广种植33.2万亩以上。

基于中小型收获机的甘蔗农机农艺融合技术：本技术模式使用中小型收获机，从品种的选择、种植行距的调整、培土作业标准化等方面做了一系列的技术说明，经试验示范，克服了收获机作业效率低、机收损失率高、含杂率高等主要问题，收获机单机单日平均作业量从原来的29吨提高到53.3吨，机收损失率从原来的19.7%降低到4.2%，平均含杂率从原来的9.6%降低到5.5%，从技术上解决了农机与农艺不融合的难题。截至2023年底，已推广应用21.7万亩以上。

2020年，南亚1号澳洲坚果、南亚116号澳洲坚果、922澳洲坚果、热甘1号甘蔗，草畜一体化循环养殖技术集成与示范，菠萝叶、甘蔗叶粉碎打捆机，有机肥施肥机荣获第二十二届中国国际高新技术成果交易会（简称"高交会"）优秀产品奖；2021年，澳洲坚果壳活性炭雕、澳洲坚果系列化妆品、神秘果系列化妆品荣获第二十三届中国国际高新技术成果交易会优秀产品奖；2022年，南亚12号澳洲坚果荣获第二十四届中国国际高新技术成果交易会优秀产品奖。

继研发的"荔枝高产高效关键生产技术的集成与推广"获得2011年神农中华农业科技奖一等奖、"荔枝高效生产关键技术创新与应用"获得2014年国家科学技术进步奖二等奖后，以荔枝品种结构调整为主要内容的"不同熟期优质荔枝系列新品种选育和高接换种技术创新及应用"成果获得2019年广东省科技进步奖一等奖。以荔枝新品种高接换种推广应用为主要内容的"荔枝高接换种提质增效技术研发与推广"成果获得2020年广东省农业技术推广奖一等奖。新品种、新技术推广应用和服务产业相关内容被农民日报、湛江电视台、广东广播电视台珠江频道、南方农村报等多家媒体先后报道。

（二）强化所地合作，深入实施"一所对一县"行动

为深入贯彻海南省委、省人民政府领导"一所对一县"工作批示精神，落实热科院相关工作部署，南亚所在热科院牵头下，分别与海南省临高县、海南省陵水县人民政府签订了战略合作协议，双方围绕农业高质量发展，深入实施"一所对一县"行动，共同推进热带农业高质量发展。

为了更好地服务临高县和陵水县，南亚所成立了以所长为组长、分管副所长为副组长，菠萝研究团队、芒果研究团队以及产业发展部相关人员组成的工作小组。

2023年6月19—22日，南亚所杜丽清所长带队赴临高县和陵水县开展热带农业科技发展情况和乡村振兴成果成就等相关工作调研，进一步推动落实南亚所与临高县、陵水县"一所对一县"行动计划。

1. 菠萝研究团队与临高县

菠萝研究团队吴青松副研究员和张秀梅研究员等人到临高县进行实地调研。了解到临高县地处低纬度，在北回归线以南，阳光充足，季风明显，温度高且多雨，属热带季风海洋性气候，终年无霜冻；临高县的土壤大部分属玄武岩风化发育而成的砖红壤土，其次是

浅海沿积和河流冲积发育成的砂砾土，以及长期耕作形成的水稻土，全县土壤分为潮沙泥土、砖红壤土、水稻土、滨海盐土、滨海沙土及石质土等；气体环境条件适宜菠萝种植，目前临高县有8个菠萝种植合作社，当地农村如新盈镇龙兰村、皇桐镇美香村等在合作企业的帮助下发展了菠萝产业，除个别技术工种外，基地工人都是本村村民。当地主要品种是台农17号，亩产约3 250千克，有较好的经济效益，企业和村民对新品种有需求。受土地性质的限制，菠萝多种植在林地中，作为林下经济发展。

临高县菠萝品种单一，急需推进良种繁育和品种结构优化，引进和研发菠萝产前、产中、采后加工等关键技术和装备，提升临高县菠萝综合竞争力。菠萝研究团队通过与当地龙头企业共同建设“品种培优、品质提升、品牌打造”的试验示范基地，致力打造“海南菠萝”品牌。

菠萝研究团队与临高县农业农村局、当地合作企业——海南天地人生态农业股份有限公司进行了县所菠萝产业科技支撑的对接，计划在临高县建立：①海南省菠萝种业科技创新平台，以菠萝种质资源为材料开展资源综合评价与深度挖掘利用；以南亚所选育的具有自主知识产权、已登记或拟登记的菠萝新品种（热农8号、热农17号和热农56号等）为材料，开展菠萝新品种测试与繁育推广；②菠萝种植业高质量发展科技支撑体系，依托南亚所建立菠萝高产绿色标准化示范基地和配套栽培技术，构建产业技术服务体系，全方位支撑菠萝种植产业高质量发展，打造海南省乃至全国菠萝高产绿色标准化示范基地；③菠萝产品多元化科技支撑体系，开展菠萝产品研发与品种建设，提高产品附加值，更好地服务菠萝全产业链融合发展。

2023年11月28日，李普旺副所长、吴浩处长一行6人前往临高县，并代表南亚所与临高县农业农村局签订了《海南省临高县凤梨产业振兴规划技术服务协议》。

2. 芒果研究团队与陵水县

南亚所芒果研究团队科技人员在调研陵水县当地芒果果园时发现，当地农户对土壤理化性状的改良普遍认识不足，对一些新型土壤培肥方式了解不多，果园土壤有机质普遍缺乏，结构不良，酸化严重，肥料利用率差；过多施用生长调节剂，导致树势早衰、无胚果率过高；对病虫防控以治为主，存在“头痛医头，脚痛医脚”的现象，没有从农业综合措施上，从增强树势等方面着手，通过综合技术配套，实现预防为主，综合防控。目前，急需推进陵水芒果全产业链培育发展，进一步提高陵水芒果优势和市场竞争力，解决陵水县芒果主产区品种配置不合理、产期相对集中、采收过早影响品质等问题。

芒果研究团队将围绕《陵水黎族自治县“芒果上市日”行动方案（2023—2025）》开展工作，科技人员计划聚焦陵水芒果果园土壤生态改良和绿色成花调控技术示范和推广，同时与陵水县农业农村局继续围绕芒果品种选育等科研合作事宜进行洽谈。为解决陵水县芒果果园管理粗放、缺乏规范的种植技术、单产比较低、果品商品率低、产品市场竞争力不强等问题出谋划策。

芒果育种专家姚全胜计划将芒果新品种热农5号、热农18号、热农20号、锐华5号

4个品种（其中3个已经获得植物新品种权证书）嫁接扩繁到海南省陵水县海南福田绿色农业有限公司芒果基地试种，每个品种5～10株。新品种的引入将为陵水县芒果产业带来更多的期待。

四、科技助推乡村振兴

（一）把人才派出去，把效果做出来

2019年10月21日，科技特派员制度推行20周年总结会议在北京召开，中共中央总书记、国家主席、中央军委主席习近平总书记对科技特派员制度推行20周年作出重要指示指出，科技特派员制度推行20年来，坚持人才下沉、科技下乡、服务“三农”，队伍不断壮大，成为党的“三农”政策的宣传队、农业科技的传播者、科技创新创业的领头羊、乡村脱贫致富的带头人，使广大农民有了更多获得感、幸福感。习近平强调，创新是乡村全面振兴的重要支撑，要坚持把科技特派员制度作为科技创新人才服务乡村振兴的重要工作进一步抓实抓好，广大科技特派员要秉持初心，在科技助力脱贫攻坚和乡村振兴中不断作出新的更大的贡献。

为支持广东省科学技术厅推动人才下沉、科技下乡、服务“三农”，支撑科技精准扶贫、精准脱贫工作，南亚所科技人员积极申报广东省农村科技特派员重点派驻任务（以下简称广东省农村科技特派员项目），2019年，获得“雷州半岛芒果科技扶贫产业基地建设”“菠萝产业升级对徐闻县那板村科技帮扶”“甘蔗品种更新改良及应用示范”“优稀水果简易贮藏保鲜技术示范与推广”和“春砂仁规范化种植技术示范推广”5个广东省农村科技特派员下乡发现问题凝练科技助农项目。这些项目的立项实施，为科技人员走进田间地头提供了有力保障，更好地把科研成果转移到田间地头，把论文写到了脱贫攻坚和乡村振兴的第一线。

当年，南亚所农村科技特派员苏俊波团队入驻遂溪县北坡镇下担村委高塘村，引进甘蔗优良新品种20个，并建立甘蔗良种示范基地约20亩，进行新品种展示，附近农技人员、种植大户、村民等累计参观到访约200人次，普及了甘蔗良种提升、甘蔗产业升级的知识。协助该村申报2019年“一村一品、一镇一业”项目“甘蔗良种”并已获批立项，项目总金额106万元。协助遂溪县北坡镇申报国家农业产业强镇项目，其中下担村委高塘村为重点建设村，拟建设甘蔗主题农业公园一座、甘蔗红糖精深加工车间一间、休闲观光基地一个，项目总投资1 180万元。

2020年初，南亚所湛江站积极开展广东省农村科技特派员项目选派工作，共14支团队（36人）入选，广东省农村科技特派员重点派驻任务清单（第一批），见表4-1，同时获批芒果等果树栽培种植技术示范推广等14个重点派驻任务，项目总经费140万元，帮扶周期为3年（2021年9月至2024年8月）。南亚所和南亚所湛江站分离管理后，南亚所保留了其中11个广东省农村科技特派员团队。

表 4-1　2020 年广东省农村科技特派员重点派驻任务清单（第一批）

序号	团队成员	任务名称	帮扶对象
1	王松标	芒果等果树栽培种植技术示范推广	雷州市乌石镇那澳村
	何小龙		雷州市白沙镇符处村
			雷州市白沙镇东岭村
2	魏长宾	番石榴等优稀果树种植技术示范推广	廉江市塘蓬镇彭岸村
	乔健		廉江市塘蓬镇那榔村
			雷州市雷高镇品题村
3	孙伟生	菠萝、水果种植技术示范推广	雷州市东里镇英佳塘村
	刘胜辉		雷州市东里镇六格村
	戴小红		雷州市东里镇三吉村
4	邓旭	休闲农业规划及休闲农产品初加工技术示范与推广	雷州市南兴镇塘头村
	涂行浩		雷州市南兴镇梅田村
			廉江市青平镇横桠冲村
5	金辉	马铃薯、蔬菜种植技术推广	雷州市唐家镇军营村
	李威		雷州市唐家镇坡边村
			麻章区民安镇西湾村
6	苏俊波	甘蔗优质种苗与农机农艺结合种植技术示范与推广	廉江市塘蓬镇矮车村
	孔冉		遂溪县杨柑镇龙眼村
			遂溪县港门镇货湖村
7	欧雄常	果树优质种苗繁育及栽培技术示范与推广	徐闻县迈陈镇那朗村
	姚全胜		徐闻县迈陈镇迈市社区
	李国平		徐闻县迈陈镇迈陈村
8	韩建成	草畜一体化循环养殖技术应用与推广	雷州市乌石镇乌石村
	蔺红玲		徐闻县南山镇三塘村
			徐闻县南山镇二桥村
9	贺军军	林下种植技术示范与推广	遂溪县杨柑镇甘来村
	张华林		廉江市河唇镇灯草村
	宋付平		廉江市河唇镇风梢村
10	严程明	水肥一体化技术示范与推广	徐闻县海安镇加洋村
	刘亚男		徐闻县海安镇文部村
	刘思汝		徐闻县角尾乡仕寮村
11	孙海天	农业工程机械技术应用与推广	廉江市塘蓬镇老屋村
	李海亮		廉江市河唇镇上村村
	严晓丽		廉江市塘蓬镇六环村

（续）

序号	团队成员	任务名称	帮扶对象
12	柳凤	园艺产品采后保鲜与病虫害防控技术应用与推广	雷州市覃斗镇覃斗社区
	谷会		雷州市客路镇泰坡村
	贾志伟		雷州市客路镇水标村
13	刘洋	旱作资源及节水技术应用与推广	徐闻县西连镇瓜藤村
	安东升		徐闻县西连镇龙腋村
	胡小文		徐闻县西连镇北海村
14	曾辉	澳洲坚果优良品种与种植技术示范推广	廉江市石岭镇龙飞村
	邹明宏		廉江市石岭镇下高村

2021 年 7 月，广东省科学技术厅通报表扬了一批农村科技特派员和组织实施单位，杨子明、苏俊波、贺军军 3 名广东省农村科技特派员及南亚所名列其中。

2021 年，4 个农村科技特派员团队（12 人）入选广东省农村科技特派员重点派驻项目，任务清单见表 4-2。帮扶周期为 3 年（2021 年 12 月至 2024 年 11 月）。

表 4-2　2021 年广东省农村科技特派员重点派驻任务清单（第一、二批）

序号	团队成员	任务名称	帮扶对象
1	贾志伟、段雅婕、庞振才	荔枝香蕉等热带果树高效栽培与采后保鲜技术研究与示范	廉江市良垌镇
2	魏长宾、乔健、李国鹏	热带果树绿色高效栽培技术示范与推广	吴川市黄坡镇
3	孙伟生、朱宏波、戴小红	番薯和菠萝等热带经济作物新品种种植示范和推广	雷州市杨家镇
4	马智玲、赵秋芳、李威	蔬菜绿色高效栽培技术示范与推广	徐闻县迈陈镇

2021 年 10 月，湛江市科学技术局组织开展并完成了湛江市农村科技特派员团队的遴选工作，南亚所共 7 个团队（25 人）入选（表 4-3）。

表 4-3　2021 年广东省湛江市农村科技特派员团队名单

序号	团队名称	团队成员	帮扶对象
1	芒果产业技术服务团队	姚全胜、李国平、宋付平、欧雄常	雷州市乌石镇
2	荔枝服务团队	李伟才、董晨、王弋	廉江市新民镇

（续）

序号	团队名称	团队成员	帮扶对象
3	优稀果树种植技术服务团队	陈晶晶、戴小红、陈志辉、井敏敏	廉江市横山镇
4	新型肥料与耕地质量提升技术服务团队	杨子明、宋书会、王超、何祖宇	吴川市浅水镇
5	热带果树高效栽培与加工技术服务团队	乔健、张明、马飞跃、李娅	吴川市吴阳镇
6	乡村人居环境建设团队	武丽琼、陈英敏	遂溪县遂城镇
7	香蕉服务团队	胡会刚、庞振才、段雅婕、贾志伟	经开区硇洲镇

此外，曾辉、邹明宏、陈菁等科技人员，从 2021 年开始被选派为广西壮族自治区乡村科技特派员，主要在广西百色、崇左、来宾、南宁及防城港等地开展澳洲坚果优良品种示范及栽培技术服务。

2019—2022 年南亚所的科技特派员团队根据各乡镇的产业需求，通过引进新品种、建立示范基地、开展技术培训、发放技术手册等办法开展科技帮扶；各团队对接行政村 76 个、派出下乡专家 872 人次、累计服务 846 天，先后建设各类示范基地 232 亩，引进新品种 106 个，开展集中技术培训及讲座 82 场次，参加培训人数 4 014 人次，发放各种技术资料 5 702 份，推广新技术 57 个，建立示范基地 38 个，示范带动农户 1 616 户，新增产值 883 万元；热农 1 号芒果新产品获湛江·东盟农产品交易博览会最受欢迎农产品奖。通过改良品种、科学种植管理，大大增加了农民收入，成为农民致富好产业，取得了良好的社会和经济效益。

2023 年 9 月 4 日，“百千万工程”工作部署会在广州举行。会议透露，广东将创新农村科技特派员选派机制，完善农村科技特派员管理模式，组建跨学科、跨领域、多单位联合的农村科技特派团，大力推进“组团式”科技服务形式。有了政策，就能放开手脚干事创业。2023 年，南亚所农村科技特派员团队全年参与驻镇帮扶 336 人次，服务带动农户数量 538 户，服务企业、合作社、农民协会等机构 32 个，引进新品种 28 种，推广新技术 13 个，举办科技培训 19 场，培训农户或技术人员 825 名，为广东省科技支撑“百千万工程”贡献南亚所力量。

农村科技特派员工作开展以来，南亚所各团队把推进科技帮扶工作落实牢记在心，在驻镇工作队的领导和帮助下，顺利开展了科技帮扶工作，共同为乡村振兴工作出谋划策、贡献力量，扎实推进巩固拓展脱贫攻坚成果同乡村振兴有效衔接。

在吴川市，农村科技特派员杨子明带领团队成员对接吴川市的村庄，开展当地特色产业技术需求调研和技术指导。两年来，他们共开展蚕桑资源高值化综合利用技术、田间废弃物利用技术、新型肥料应用、土壤质量与养分检测、科技特派员助力春耕复工复产、线上线下技术云直播等技术推广示范活动 15 次；开展农村特色产业发展科技需求调研活动 10 次，开展蚕桑资源高值化综合利用、热带果蔬病虫害防控、农业副产物高值化利用技术、农作物秸秆回收利用技术、蚕桑种植加工技术和农业绿色发展新技术等农业新技术培训和讲座 12 次，培训当地农民 200 多人次。为传播绿色农业新知识，推广绿色农业新技术，在吴川市长岐镇新联村和洪江村多次开展了题为“不忘初心、牢记使命，大力推进农业绿色发展”“农业废弃物资源化处理技术”和“强化科技引领作用，推动乡村振兴发展”等农业技术和农业科普培训讲座，积极传播农业科技知识，推广农业新技术，推动科研成果在广袤的农村田间地头落地生根。

（二）推动科技赋能“百千万工程”，将工作做细做实

2021 年，南亚所农村科技特派员魏长宾、乔健团队来到吴川市黄坡镇，成为驻黄坡镇帮镇扶村工作队的农村科技特派员，用现代农业技术助力“百千万工程”。特派员团队成员与驻镇帮镇扶村工作队、黄坡镇政府密切沟通交流，一同到各村调研了解产业发展情况，积极发挥自身技术及院所的科技实力，与驻镇工作队做好服务对接工作，取得了村干部的信任。在他们的带动下，越来越多村民主动加入到示范农业行列。其间，为做好示范基地规划及为村容村貌建设规划提供支持，农村科技特派员组织专家完成了《林屋村乡村振兴示范园建设规划方案》。他们先后多次邀请草畜一体化技术团队到黄坡镇实地考察调研，与驻镇帮镇扶村工作队、村干部及养殖户代表深入交流，结合新屋村养殖产业发展现状与周边环境要求，在羊舍的栏舍结构、羊床、窗户采光通风与粪污收集、配套牧草种植、饲料加工等方面进行了深入沟通，促成广东荣枫农牧科技有限公司草畜一体化项目落地。

同时，农村科技特派员协助林屋村申报“一村一品产业”项目——热带果树产业示范园建设项目，获 40 万元财政资金支持，组织有意向的农户利用林屋村的林地资源推广种植香水柠檬。协助新屋村、三柏埉村开展“发展富民产业建设美丽家园、全民行动建设村庄果园”活动，种植黄皮果苗 5 000 余株，总种植面积 200 余亩。协助石头埉做好热带果树示范园建设，目前项目已经落地。协助新屋村、三柏村引进 300 余株黄花风铃木等绿化树种植用于改善村容村貌，目前已经取得良好效果。

在农村科技特派员的牵线搭桥下，驻镇帮镇扶村工作队队员、驻新屋村第一书记黄东辉带领村民参观中国热带农业科学院湛江实验站（以下简称“湛江站”）的循环一体化养羊项目后，4 个村民发起成立农牧公司，在荒废多年的酸性土地上，搭建羊舍和种植牧草，开启黄坡镇第一个养羊项目。目前，已种植牧草近 30 亩，养羊数量约 200 只。三柏埉村还与南亚所合作了“科技支撑撂荒地复耕复垦”“污水塘整治绿化”两个项目。南亚所农村科技特派员与该村村干部以撂荒的 30 亩耕地为试点，推进土地平整、钩机挖穴、水肥一体化灌溉设施等基础设施建设，种上高品质农作物。此外，由南亚所负责园林设计、树苗提供和绿化工程，三柏埉村负责组织施工，双方携手将污水塘改造为生态小公园，村中多了一道亮丽的风景线。

从点到线，再从线到面。黄坡镇与南亚所签订了乡村振兴战略科技合作协议。双方将在共建乡村振兴科技服务中心的基础上，进一步推动优势互补，携手推进农业产业转型升级，助力黄坡镇走出一条集约、高效、安全、持续的现代农业发展道路。

2023 年，广东省全面吹响“百千万工程”奋进号角。在吴川市黄坡镇，一路鸟语花

香、处处生机勃勃，科技赋能“百千万工程”在这里成为生动实践。如今，黄坡镇三个对口帮扶村都已初显成效，形成了热带果树产业园、循环一体化养羊、撂荒地复耕复垦生态小公园等示范点，为乡村振兴注入了新活力。

（三）巩固脱贫攻坚成果，助力乡村全面振兴

为深入巩固脱贫攻坚成果，有效衔接乡村振兴，以带领贫困群众从脱贫致富再到乡村振兴为总目标，2021 年 7 月起，赵艳龙、张彪、陈明侃 3 人先后被选派到广东省徐闻县曲界镇深入开展驻镇帮扶工作，从摸底、走访、调研到制定短中长期帮扶方案，建立了“一户一档”“一户一册”档案，确立了“菠萝为主，兼顾香蕉等其他经济作物”的产业帮扶方向，推广种植优良菠萝品种种苗 10 万多株，开展技术培训和技术服务 20 多次。南亚所与曲界镇签订了三份科技帮扶协议书，菠萝专家开展菠萝新品种、新技术培训 5 次，参加培训的农户、技术骨干、农技人员有 300 多人次，田间技术指导 10 次，积极配合镇政府申报项目，明确了未来几年对曲界镇菠萝产业发展的帮扶措施，为地方产业振兴工作作出了积极贡献。3 名科技人员获得了曲界镇政府和驻镇帮镇扶村工作队的高度肯定，连续多年考核获“优秀”等级。

五、科技救灾

2021 年 7 月 20—25 日，南亚所澳洲坚果研究中心科研第一党支部曾辉、邹明宏和陈菁一行 3 人组成专家组先后赴广东阳春、佛山、梅州、河源等地，结合广东省农村科技特派员工作，开展澳洲坚果技术服务，指导台风后救灾处理和生产关键期澳洲坚果管理技术措施。

台风“查帕卡”（第 7 号台风）于 7 月 20 日在广东阳江沿海地区登陆，登陆时南亚所澳洲坚果研究中心附近最大风力 12 级，对澳洲坚果生产带来了较大影响。7 月 21 日，台风“查帕卡”刚过境，专家组立即到达阳春，指导灾后复产工作，力争把损失降到最低。在广东澳盛农业科技发展有限公司澳洲坚果基地，专家组现场调研台风损失情况，提出及时培土、扶定和修剪技术方案，确保植株成活并正常生长，减少台风造成的损失。

南亚所澳洲坚果专家指出，台风频发时，澳洲坚果树体易受风害影响，应做好防风等工作。同时 7 月是澳洲坚果生产管理的关键期，这一时期的澳洲坚果果实大小已达到最大值，果实碳水化合物向油脂转化，含水量和碳水化合物含量急剧下降，而油脂含量急剧升高，蛋白质含量趋于稳定，是澳洲坚果第二个落果高峰期，落果数量占全年的 1/4～1/3。7 月是高温、多雨、高湿季节，也是病虫鼠害和杂草高发期，必须加强施肥、除草和病虫鼠害防控工作。

随后专家组又赶往佛山、梅州和河源等地，对澳洲坚果越夏田间管理工作提供具体指导。针对佛山大布村部分果园土壤板结、植株生长不良的情况，陈菁博士提出了土壤改良措施，并现场采挖果园土壤样品，拟经测试分析后提出更有针对性的改良技术方案。专家

组在梅州市兴林澳洲坚果发展有限公司和河源龙川浮石村对果农开展了现场技术培训。

2023年12月20日，南亚所产业发展部主任吴浩和菠萝研究中心刘胜辉副研究员应曲界镇驻镇帮镇扶村工作队邀请，在驻镇帮镇扶村工作队陪同下，到田洋村开展菠萝病虫害防控及田间防寒现场技术指导。

通过现场调研，刘胜辉副研究员发现果园存在黑心病、叶斑病和凋萎病三种病害，向农户们科普了菠萝常见病害的症状、发病的原因、传播机制以及防控措施，她建议种植以手撕菠萝抗病品种为主，少部分种植西瓜菠萝感病品种。随后，专家现场指导农户用氯溴异氰尿酸稀释液（可加2%尿素）防控凋萎病，并提出可以通过束叶、盖草、覆盖塑料薄膜或纱网，以及在田间增施叶面肥等措施加强菠萝植株抗寒能力。

专家还前往了首批入选广东省“百千万工程”典型县镇村名单的曲界镇愚公楼村、曲界镇龙门村开展调研交流。会上，双方就村中现有资源的科学规划及布局提出初步合作意向。

根据国家香蕉（芒果）产业技术体系的要求和实际工作需要，2023年12月20—21日，胡会刚研究员带队对雷州半岛地区香蕉产区进行调研及寒害预防指导工作。

香蕉团队前往徐闻、雷州、遂溪、廉江地区的香蕉园进行调研，发现此次寒潮对前期抽蕾结束已断蕾套袋和挂果更早的香蕉几乎没有影响；对刚刚抽蕾和尚未抽蕾的香蕉植株的幼嫩叶片有较小影响，幼嫩植株叶片边缘表现为宽窄不一的水渍状。需指出的是，湛江地区处于抽蕾期的香蕉植株较少，不到5%。通过调研认为：此次寒潮对湛江地区及周边的香蕉有较轻影响，主要是对幼嫩植株叶片和处于幼果期的香蕉有影响，对粉蕉完全没有影响，总体而言对第二年香蕉产量和品质影响不大。

针对寒潮影响，团队向香蕉种植户提出提前套袋保暖、调控抽蕾期、喷施防冻剂等措施有效应对寒潮，提高产量并保持香蕉品质。

第二节　产业服务平台

一、科普教育中心

湛江南亚热带植物园自1987年挂牌成立以来，依托中国热带农业科学院南亚热带作物研究所设备设施、科研人才优势，主动适应新时期植物园发展的使命定位与角色担当，已拓展为集濒危植物保育、环境教育、餐饮娱乐、科学普及等多种功能于一体的平台和载体。园内收集、保育热带、亚热带植物品种1 000余个，采集和挖掘公众的科普需求，开发建设基于园内植物资源的科普课程30余门，每年累计接待游客20余万人次，其中3/4为青少年学生群体，影响力和美誉度不断提升。获得全国科普示范基地（2021—2025年）、全国中小学生研学实践教育基地、全国农业科普示范基地、全国青少年农业科普示范基地等多项国家级荣誉。

二、良种苗木繁育中心

良种苗木繁育中心始建于 1998 年，是南亚所从事成果转化的重要组成部门。2000 年以来，中心以南亚所为技术依托，按国家南亚热带名优良种苗木繁育场项目的建设标准进行了扩建。同时，为推动热带作物种业“育、繁、推”一体化发展，2014 年 1 月挂牌成立南亚热带作物良种良苗繁育基地，2015 年 11 月经中国热带农业科学院国家重要热带作物工程技术研究中心批准，挂牌成立“湛江澳洲坚果种苗繁育示范基地”。目前中心拥有 90 亩的种苗繁育基地和 1 000 多平方米的组培工厂及配套仪器设备，基地内水电道路等设施完善，拥有 3 600 平方米的育苗大棚，具备批量生产芒果、澳洲坚果、油梨、番荔枝、菠萝、甘蔗、香蕉等热带作物和园林花卉种苗的能力，年生产能力达 200 多万株，已成为我国热区南亚热带作物优良品种的引进、研发和推广中心。

2020 年，良种苗木繁育中心与原园林工程中心组建成新的良种苗木繁育中心，除开展热带作物和园林花卉种苗的繁育外，还承担起了园林规划与施工建设任务，为乡村绿化美化提供经济高效的建设实施方案。

三、乡村振兴服务中心

为贯彻落实国家乡村振兴战略，全力奋进在乡村发展的前沿，南亚所于 2020 年成立乡村振兴服务中心。乡村振兴服务中心将科技培训作为重点工作，通过系统、专业的培训课程，提升乡村人员的科技素养，为乡村振兴注入强大的智力支持。在广东、广西和海南协助并宣传农村科技特派员在田间地头的先进事迹。同时，积极助力驻镇帮镇扶村工作，配合驻村帮扶干部的选派及帮扶工作任务的开展，从产业规划、技术指导到市场对接，全方位助力乡村发展，为实现乡村产业兴旺、生态宜居、乡风文明、治理有效、生活富裕的美好愿景不懈努力。

四、农业试验材料生产中心

农业试验材料生产中心是南亚所集研发、试验、生产、销售和技术服务于一体的专业标准化农业服务型生产部门。2011 年由南亚所投资成立。主要研究、生产、销售香蕉、芒果、葡萄、菠萝等热带水果相关的套袋。中心自 2011 年成立至今，经过持续跨越式的发展，拥有年生产达上千万条中试产品的能力，产品伴随着南亚所科研示范推广工作遍布广东、广西、四川、云南、贵州等地，为改善香蕉、芒果、葡萄、菠萝等水果品质提供了保障。2022 年，因单位发展战略需要，决定不再保留农业试验材料生产中心。

第五章 基本条件建设

2019—2023 年，南亚所新获批基本建设项目 5 项，资金总额 5 011 万元，在建基本建设项目 9 项，资金总额 14 533 万元，其中已通过验收项目 8 项。获批改善科研条件专项资金项目 6 项，资金总额 2 484.16 万元。根据项目实施情况，为进一步规范基本条件建设项目管理，先后两次修订了《南亚热带作物研究所基建管理办法》《南亚热带作物研究所工程建设签证管理办法》《南亚热带作物研究所政府采购管理办法》《南亚热带作物研究所零星工程管理办法》等内部控制制度，编制了南亚所《“十四五”基本条件建设规划》《2021—2023 年科研条件专项规划》《2024—2026 年科研条件专项规划》3 项规划，共收集整理归档项目档案资料 1 000 余册。

通过项目的实施，改善了南亚所基础设施条件，科研试验和示范基地功能不断完善，实验装备条件明显改善，科研平台建设成效显著。坚果及薯类试验基地基础设施改造项目、科研辅助用房改造项目等极大地改善了科研基础条件，提高了科研、推广与服务能力，为提升现代农业科研院所的科技创新能力奠定了基础。热带果树生物学综合实验室建成并投入使用，极大地改善了南亚所科研实验条件和工作环境。热带农业环境与作物高效用水试验基地、扶绥热带农业综合实验室、国家热带果树种质资源圃、国家土壤质量湛江观测实验站、雷州半岛二线南繁育种示范基地项目——广东省南亚热带作物种质资源圃、菠萝优质种苗繁育基地等项目的建设，形成了一批学科特色明显、地域优势突出的综合性和专业性试验示范基地，田间试验保障能力显著提升，为南亚所的科学试验、资源保护、野外观测等提供了有力支撑。

第一节 基本建设项目

一、概述

2019—2023 年，南亚所新获批基本建设项目 5 项，分别为国家土壤质量湛江观测实验站建设项目、雷州半岛二线南繁育种示范基地项目——广东省南亚热带作物种质资源圃建设项目、菠萝优质种苗繁育基地建设项目、雷州半岛热带特色水果（菠萝、芒果）育繁推一体化种业创新发展联盟建设项目、菠萝新品种培育示范基地建设项目，项目总金额5 011万元。在建基本建设项目9项（表5-1），资金总额14 533万元，其中已通过验收项目8项，分别是热带果树生物学综合实验室建设项目、扶绥热带农业综合实验室建设项目、国家热带果树种质资源圃建设项目、热带农业环境与作物高效用水试验基地建设项目、雷州半岛二线南繁育种示范基地项目——广东省南亚热带作物种质资源圃建设项目、菠萝优质种苗繁育基地建设项目、雷州半岛热带特色水果（菠萝、芒果）育繁推一体化种业创新发展联盟建设项目、菠萝新品种培育示范基地建设项目。

南亚所近5年获批的科学事业单位基本建设项目集中在实验室建设、野外试验基地建设和试验基地建设三个方面。实验室建设项目占比最大（5 787万元，占40%），其次是野外试验基地建设项目（5 254万元，占36%），再次是试验基地建设项目（3 492万元，占24%）。这反映了国家的重点投资方向向这三个方面倾斜，尤其加强了南亚所的区位布局和实验条件建设，为科研人员潜心从事科学研究提供了良好的实验条件。同时充分发挥了南亚所土地资源和种质资源优势，加强野外试验基地和试验基地的建设。

利用中央及广东省科学事业单位基本建设项目，新建实验室17 761.2平方米，改造科研用房1间（105.9平方米），田间工作室1栋（167.6平方米），DUS检测实验室1栋（134.2平方米），机房与泵房3栋（225.6平方米），田间控制中心1栋（298.6平方米），土样保存库1栋（464平方米），网室1栋（300平方米），玻璃温室7间（13 771平方米），育苗大棚3间（18 992.8平方米），冷库改造1间（258.05平方米），畜禽养殖舍1间（894.6平方米），观测场1处（3 152.2平方米），试验场1处（9 817.8平方米），种植区1处（60 000平方米）。新建观测试验区田间工程80亩，大门及门卫室3座，安全防范系统2套，道路工程与晒场21 089.9平方米，排水沟6 128.02米，围栏、围墙1 394米，果树栽培支架400套，太阳能路灯28盏，购置设备466台（套）。

二、建设实施成效

热带果树生物学综合实验室的建成并投入使用，极大地改善了南亚所科研实验条件和工作环境。实验室的研究主要在热带果树种质资源的创新利用、遗传改良与生物技术、生理生态与栽培技术、采后生物学及贮运保鲜等方面，以及对影响热带水果产业的关键技术与共性问题进行攻关，为我国热带水果产业的发展提供技术指导和理论依据，促进热区果农增产增收。

建成了国家热带果树种质资源圃、广东省南亚热带作物种质资源圃500亩，获得农业农村部重大专用设施运行费滚动支持，年均经费40万元，目前保存有芒果、油梨、澳洲坚果、菠萝、香蕉、荔枝、龙眼、火龙果、西番莲、番荔枝、番石榴、杨桃、毛叶枣、莲雾、黄皮、人心果、神秘果、波罗蜜、余甘果、蛋黄果、木瓜等热带果树种质资源近5 000份，是我国热带果树种质资源种类最丰富、数量最多的保存机构之一，是我国热带果树种质资源的研究与应用中心，为我国热带果树新品种的选育和新型果树的研发工作提

表 5-1　2019—2023 年在建基本建设项目汇总

序号	项目名称	预算年度	预算批复文号：可行性研究报告	预算批复文号：初步设计报告	项目总投资（万元）	面积（平方米）	完成的建设内容及规模（部分）	备注
1	热带果树生物学综合实验室建设项目	2018	农计发〔2017〕117 号	农办计财〔2018〕5 号	2 974	8 893	新建实验室 8 892.52 平方米，其中地下一层 1 151.65 平方米，地上九层 7 740.87 平方米，场区道路工程 840 平方米，配套给排水、电力附属设施，完成第 5、6、7、9 层的空调系统安装，购置实验台 153.55 延米，实验室通风系统 1 套，实验室中控门禁系统 1 套。	项目已验收（2021 年 12 月）
2	国家热带果树种质资源圃项目	2019	农规发〔2018〕10 号	农办规〔2019〕43 号	1 192	333 335	新建田间工作室 167.6 平方米，DUS 检测实验室 134.2 平方米，玻璃温室 3 393 平方米，水肥一体化机房 22 平方米，炼苗温室加固维修 1 476.12米；配套建设田间道路 3 090 平方米，排水沟 1 030 米，围墙 550 米，大门 1 座，安防系统 1 套，水肥一体化系统 280 亩，箱涵 2 座，栽培支架 400 套，香蕉种质资源隔离保存池 100 个；购置植物图像数据采集设备、环境监测系统、太阳能杀虫灯、色差计等仪器设备 9 台（套）。	项目已验收（2022 年 6 月）
3	热带农业环境与作物高效用水试验基地建设项目	2019	农规发〔2018〕3 号	农办规〔2019〕36 号	2 543	186 667.6	建成实验室 2 296.16 平方米，消防泵房 133 平方米（含消防水池），温室 468.6 平方米，田间控制中心 298.6 平方米，钢构土样保存库 464 平方米；建设道路 5 297.74 平方米，排水沟 3 714.8 米，涵洞 14 座，观测场 3 152.2 平方米，试验场 9 817.8 平方米，畜禽养殖舍 894.6 平方米，灌溉养殖一体化蓄水池 1 座，智能灌溉试验区 1 408 平方米，晒场 964 平方米，种植区 60 000 平方米；配套场区供电系统 1 项、安防监控 1 套、大门 2 座、挡土墙 5 331.83 立方米、围栏 78 米、围墙 704 米、田间给排水系统工程 1 项、太阳能路灯 28 盏、土地平整 28 607.81 立方米；购置农田小气候监测系统、激光雨滴谱仪、多通道连续监测叶绿素荧光仪等仪器设备 27 台（套）。	项目已验收（2023 年 3 月）
4	扶绥热带农业综合实验室建设项目	2019	农规发〔2018〕10 号	农办规〔2019〕37 号	2 813	26 666.8	新建热带农业综合实验室 4 408.53 平方米；玻璃温室 2 609.43 平方米；挖填土方 33 710.75 立方米；建设场区道路 3 995.54 平方米、配套建设消防 1 项、污水处理 1 项、电气工程（含低压线路）1 项、室外给排水 1 项；停车场 368.79 平方米，挡土墙 1 620.87 立方米；绿化 4 017.8平方米；育苗大棚 2 944 平方米；围墙 62 米；实验台柜 188.25 延米（中央台 41.25 延米、边台 147 延米）；科研仪器设备 23 台（套）。	已项目验收（2023 年 3 月）

（续）

序号	项目名称	预算年度	预算批复文号		项目总投资（万元）	面积（平方米）	完成的建设内容及规模（部分）	备注
			可行性研究报告	初步设计报告				
5	雷州半岛二线南繁育种示范基地项目——广东省南亚热带作物种质资源圃建设项目	2019	湛农函〔2018〕106 号		1 000	1 628.5	建成综合用房 986.5 平方米，玻璃温室 384 平方米，冷库改造 258.05 平方米；砼道路 890.3 平方米，排水沟 326 米，围栏、挡土墙 448.68 米；建设 400 千伏安变压器及配套设施一座，香蕉种质资源隔离保存池 200 个，泵房一座（28 平方米），综合用房外接线路的电缆，智慧农业系统 1 套；配套购置振动切片机、水分测定仪等仪器设备 245 台（套）。	
6	菠萝优质种苗繁育基地建设项目	2019	粤农财〔2018〕31 号		1 000	14 460.8	建成基地综合用房 120 平方米，玻璃温室 1 892 平方米，育苗棚 12 448.8平方米，混凝土道路 3 359.32 平方米，排水沟 596.02 米；配套购置低温台式摇床、超低温冰箱、基地过滤系统等仪器设备 5 台（套）。	项目已验收（2024 年 7 月）
7	雷州半岛热带特色水果（菠萝、芒果）育繁推一体化种业创新发展联盟建设项目	2019	粤农计〔2018〕36 号		435	4 537.5	建成作业房 80 平方米，育苗棚 3 600 平方米，实验楼（组培工厂）857.5 平方米，配套购置恒温摇床、恒温振荡器、光照培养架等仪器设备 105 台（套）。	项目已验收（2021 年 8 月）
8	菠萝新品种培育示范基地建设项目	2021	湛农函〔2021〕29 号		1 300	5 144	建成机井 1 座，温室 5 024 平方米，辅助用房 120 平方米，混凝土道路 1 245 平方米，水沟 461.2 米，挡土墙 89.92 立方米；配套购置供水供电设施 1 个、菠萝良种表型鉴定平台、全自动移液工作站、多功能台式离心机、大型拖拉机、小型拖拉机、移动苗床、作业生产线等仪器设备 33 台（套）。	项目已验收（2022 年 3 月）
9	国家土壤质量湛江观测实验站建设项目	2023	农规发〔2019〕35 号	农办规〔2020〕40 号	1 276	53 333.6	改造科研用房 105.9 平方米，新建网室 300 平方米、泵房 70.6 平方米，建设道路、围墙、大门、水电、监控等配套设施，建设观测试验区田间工程 80 亩，购置安装全自动凯氏定氮仪、连续流动分析仪、元素分析仪等土壤质量观测仪器设备 19 台（套）。	在建

供了公益性服务，特别在芒果、澳洲坚果、菠萝、优稀特色果树等热带果树种质资源的研究上形成了自己的特色。

充实了国家土壤质量湛江观测实验站、国家农业绿色发展长期固定观测试验站、热带果树生物学综合实验室等重要平台的运行条件，为平台运行奠定良好基础。

中央级科学事业单位基本建设项目的实施，改善了南亚所科研基础设施条件，科研试验和示范基地功能不断完善，实验装备条件明显改善，科研平台建设成效显著，为南亚热带作物种质资源收集、保存和创新利用、作物生理与栽培、作物营养和植物保护、新品种培育等相关科研工作奠定了良好基础。

促进热带农业科研大协作，提升科技自主创新能力，基本上解决了热带农业生产中的科学问题及关键技术，为热带农业高产、高效、安全生产提供先进的实用技术，为我国南亚热带作物产业发展提供有力的科技支撑。

促进新品种、新技术、新成果的推广应用，提高科技对我国南亚热带作物产业的贡献率，提高我国南亚热带作物的生产总量和质量，提升我国南亚热带农业在国内外市场的竞争能力，满足国内外市场对南亚热带作物产品的需求。

通过仪器设备购置，有效解决了科研实验对仪器设备的要求，提高了科技攻关能力，促进了科技成果转化，为开展学术交流、开展引智工程提供有力保障。

三、重大基本建设项目简介

（一）热带果树生物学综合实验室建设项目

1. 项目背景

在《农业科技发展规划（2006—2020年）》中，把动植物遗传种质资源保护与利用技术，应用常规技术、转基因技术、分子定向育种技术以及航天诱变育种技术、培育动植物新品种、农产品无害化生产关键技术、标准化生产技术和农产品采后处理技术作为我国农业科技的重点研究任务。热带果树生物学综合实验室建设项目是南亚热带农业科技中心的一部分，该中心主要功能是为我国南亚地区热带农业科技创新研究、热带农业科技成果转化和热带农业高级人才培养提供一个基础条件平台，为实现我国热带农业生产的可持续发展和产业升级提供技术支撑，进一步扩大我国在热带农业科技方面的国际影响力及服务“三农”的能力。

2. 项目建设情况

2017年11月5日立项，2017年11月5日初设，总投资2 974万元，建设地点在广东省湛江市霞山区文明西路9号。2018年中央投资下达600万元、2019年中央投资下达1 200万元、2020年中央投资下达674万元、2021年度中央投资下达500万元。工程于2018年11月28日开工建设，2020年9月22日完成工程竣工验收，2021年12月15日完成项目验收。项目建成的综合实验楼及配套设施建设，目前已投入运行，运行良好。

3. 综合实验室的主要任务

（1）开展南亚热带作物种质资源创新与利用研究，培育优质高效的热带作物新品种。利用植物学、细胞学、生理生化、分子生物学技术进行热带作物种质资源的系统评价，利用分子生物学技术挖掘主要南亚热带作物农艺性状的相关基因，利用分子标记辅助育种技术和农艺性状评价技术体系，高效筛选优良种质，建立突变育种技术体系，开展热带作物突变育种，构建高效基因转化体系，进行转基因育种，提高热带种质资源创新与利用研究水平，培育优质高效的热带作物新品种。

（2）开展南亚热带作物产业发展中重大共性技术或关键技术科技攻关，为产业发展提供优质高效安全栽培技术。对荔枝、龙眼、芒果、菠萝、澳洲坚果、香蕉、剑麻、热带玉米等南亚热带作物的栽培生理、花期调控、品质形成机理及调控、养分资源综合管理和水肥高效利用、以生物防治为主的病虫害综合防控等关键技术进行科技攻关，在不同类型的生态区域，组装集成芒果、菠萝、荔枝、澳洲坚果、剑麻等优质高效安全综合栽培技术，建立标准化生产技术体系。

（3）培育南亚热带农业高级人才，提供产业发展人才保障。以实验楼为载体，在科技创新实践中发现人才、创新活动中培养人才、创新事业中凝聚人才；在人才培养上，能够打破常规，标新立异，而又实事求是，遵循科技创新的发展规律。以首席科学家和学科带头人为龙头，带动科研梯队建设，以高级人才为骨干，加强科研队伍建设，努力造就一支结构合理、素质优良的高层次人才队伍。同时，加大研究生的培养力度，为我国热带农业发展提供人才保障。

4. 项目投资效益

（1）新品种选育和种质资源创新利用工作成效显著。2023 年在西藏、广西收集香蕉种质资源 74 份。收集获得优稀特色果树种质资源 55 份，其中从老挝收集种质资源 23 份。获得菠萝、芒果、香蕉、甘蔗等植物新品种权 21 个。自主选育的南亚 1 号、南亚 3 号澳洲坚果通过全国热带作物品种审定委员会登记。自主选育的热农 8 号、热农 17 号、热农 56 号菠萝以及参与选育的迟美人荔枝通过了广东省农作物品种审定委员会登记。参与选育的 Own Choice 澳洲坚果通过全国热带作物品种委员会审定。

（2）农业绿色高效发展相关装备和产品研发进展顺利。发明了一种基于刮板输运的自走式菠萝采收车，实现菠萝的自动化采摘，提升了菠萝采摘运输效率，并有效降低了劳动强度。发明了差速皮带夹持式仿生菠萝采摘器及其采摘方法，解决现有菠萝采摘机构工作效率低，无法适应不同尺寸菠萝同时采摘的问题。研发了生物质基包膜控释肥料及具有高抗菌活性的食品级保鲜包装材料；研发了一种澳洲坚果油凝胶，可用于替代巧克力中的可可脂。

（3）人才培养有所加强。2022—2023 年共组织申报各类人才、专家和人才项目共 101 人次。包括“‘万人计划’科技创新领军人才”1 人、“国家高层次人才特殊支持计划”青年拔尖人才 3 人、农业农村部“神农青年英才”1 人、“博士后创新人才支持计划”1 人、第三届全国创新争先奖 1 人、享受政府特殊津贴人员 1 人、“农业领域高层次人才项目评审专家”10人、“海南省科学技术协会科技专家库”13人、“2024年海南省科技人才创新项目”9人、“湛江市高层次人才”58人次。

（4）科技产出质量有所提升。获2022年海南省科学技术奖技术发明奖二等奖1项（第二完成单位）。以第一完成单位发表学术论文44篇，其中SCI收录论文21篇［JCR（期刊引证报告）1区论文10篇，2区论文11篇；中国科学院1区论文7篇，2区论文11篇；IF（影响因子）5.0以上论文7篇，7.0以上论文5篇，10.0以上论文1篇］。JCR二区以上SCI论文数量相比2022年增加2篇且影响因子10.0以上的文章实现零的突破。获得国家发明专利40件，国际专利1件，软件著作权4项。出版著作8部。

（二）国家热带果树种质资源圃项目

1. 项目背景

目前我国热带果树种质资源的收集保存与鉴定利用研究，与我国主要果树相比还存在相当差距，远远不能满足热带果树产业发展对热带果树新品种及优异种质资源的需求。鉴于热带果树种质资源收集、保存及种质圃建设等基础工作的重要性及我国热带果树种质圃存在的诸多问题，需要建设热带果树种质圃，提升现有热带果树种质资源保存能力，并开展DUS测定（对申请保护的植物新品种进行特异性、一致性和稳定性的测定）。通过对所收集保存的种质资源进行科学系统的鉴定与评价，一是为我国相关研究机构或企业提供有利用开发价值的种质材料，提高我国热带果树新品种选育的质量；二是筛选经过区域试种和示范就可以直接转化为生产部门所推广使用的优良新品种或热带果树新类型，加快选育种进程，满足热带果树产业对新品种或新类型的现实需要；三是通过建设热带果树种质资源数据库，实现种质资源信息的共享扩大，满足相关研究机构或企业对种质资源的利用开发需求，扩大种质资源的使用范围和利用率，提高热带果树选育种的整体效率。

2. 项目建设情况

该项目于2018年11月19日立项，2019年8月30日初设，总投资1192万元，建设地点位于广东省湛江市麻章区湖秀路1号。项目于2019年中央投资下达350万元、2021年中央投资下达842万元。2019年11月28日开工建设，2021年11月26日完成工程竣工验收。仪器设备于2021年9月19日完成安装调试及验收。2022年6月10日完成项目验收。

3. 项目投资效益

（1）基地基础条件及热带果树资源收集与保存水平明显提升。国家热带果树种质资源圃目前保存有23科43属61种热带果树种质资源1 700余份，以热带果树收集保存为重点，突出特色，增加有用资源数量，增加对多样性与特异性资源、稀缺资源、异质性资源的收集保存力度。加强国外优异种质资源引进，瞄准重点区域、重点国家，有针对性地收集。

（2）资源评价与创新水平明显提升。2022年完成鳄梨、黄皮、澳洲坚果、芒果4种作物113份资源农艺性状的鉴定评价，筛选优异资源11份；2023年鉴定评价坚果资源15

份，鉴定评价的指标 21 项，获得数据项 315 个，筛选出高含油率、高出仁率种质 3 份。鉴定评价龙眼种质资源 63 份，鉴定评价指标 40 个，获得数据项 2 520 个；筛选出 5 份优异资源，具有早熟、大果、可溶性固形物高、风味佳等特点。鉴定评价香蕉资源 28 份，鉴定评价指标 4 项，获得数据项 112 个，筛选出总糖、总黄酮和维生素 C 含量均较高的资源 3 份。鉴定评价鳄梨资源 48 份，鉴定评价指标 14 项，获得数据项 672 个，筛选出高油脂含量资源 4 份。鉴定评价黄皮资源 53 份，鉴定评价指标 30 项，获得数据项 1 590 个，筛选出大果、高维生素 C 含量资源 3 份。鉴定评价番石榴资源 78 份，鉴定评价指标 28 项，获得数据项 1 504 个，筛选出高维生素 C 含量的优异种质资源 3 份。

（3）资源共享与利用水平明显提升。通过开放参观、科普讲解等方式向国内有关科研、教学、生产等单位和个人提供种质资源，提高种质资源利用率。2022 年度共向公司、科研院所、高校等提供澳洲坚果、鳄梨、荔枝、蛋黄果、芒果等种质资源共 167 份。推广种植澳洲坚果 8 000 亩，技术培训超过 200 人次。将优异种质资源推向适宜地区，立足“三农”，服务“三农”，为乡村振兴贡献力量。

（4）科普教育水平明显提升。国家热带果树种质资源圃作为种质资源的科普展示平台，每年接待各级领导、科研院所有关专家、大中小学学生、企业和农民技术骨干等几十批次，共计 1 000 余人。国家热带果树种质资源圃每年 9 月份举行“种质资源科普开放日”活动，采用资源圃实地参观、水果展示品鉴以及科普视频讲解等形式，对共计 300 多名学生和家长进行科普。大众了解了种质资源圃目前保存的果树种类、国家进行种质资源保存的政策及重要意义，增强了种质资源保护意识。科普活动多次在湛江日报、热科院所网站等报道并受到广泛好评。

（三）热带农业环境与作物高效用水试验基地建设项目

1. 项目背景

2017 年中央一号文件明确提出推行绿色生产方式，增强农业可持续发展能力。其中，推进农业清洁生产和大规模实施农业节水工程是重中之重。其主要内容包括完善田间节水设施、深入推进化肥农药零增长行动等。项目的建设是为了贯彻落实党中央决策部署和服务于国家农业发展，提高热带农业科技创新能力，推动产业发展，加快成果转化，提高农民技术水平。通过项目实施，将在华南热区农业环境长期观测和定位试验、主要热带作物精确灌溉和热区红壤提质扩容等研究方向产生重大成效，研发适用于华南热区应对季节性干旱的节水栽培技术，带动周边农业发展。

2. 项目建设情况

该项目于 2018 年 10 月 12 日立项，2019 年 8 月 30 日初设，总投资 2 543 万元，建设地点在广东省湛江市麻章区湖秀路 1 号。2019 年中央投资下达 600 万元，2020 年中央投资下达 400 万元，2021 年中央投资下达 743 万元，2022 年中央投资下达 800 万元。2019 年 11 月 19 日开工建设，2022 年 6 月 25 日工程竣工验收，2023 年 3 月 23 日完成项目验收。

3. 项目投资效益

热带农业环境与作物高效用水试验基地由南亚所旱作种业与节水研究中心（以下简称"高效节水基地"）、旱作工程技术研究中心两个部门牵头运行，植物营养、菠萝、芒果等团队参与。

（1）旱作种业与节水研究中心成果产出情况

高效节水基地品种筛选鉴定试验场承担每年20万实生苗的培育，深入开展高光效、耐旱性、宜机性等重要功能性状的系统鉴定工作，并对其中1～2个优选品种扩繁，开展需耗水特征试验、水碳高效利用机制试验、干旱胁迫诊断与非充分灌溉试验。目前筛选出适旱高光效甘蔗新品种2个，获新品种保护权2个。高效节水基地还具备农田小气候与通量观测系统，长期观测蔗田物质与能量交换，构建甘蔗生长发育模型、干旱胁迫诊断模型，以期实现产量的早期预测评估，观测数据共享给当地，为甘蔗生产应对气候变化提供决策支撑。高效节水基地开展蔗叶还田、滤泥还田、糖油料间作长期定位试验，并在广西崇左市扶绥县生产农田进行验证，探索农业生产投入产出与环境资源承载能力的最优解，为甘蔗种植过程中的农事操作优化提供数据支撑。同时该基地开展热带果园覆盖与间作定位试验，对果园降雨、土壤入渗、碳氮运移进行深入研究。取得的成果有：发表SCI论文3篇（JCR二区），中文核心期刊5篇，申报发明专利7项、获得授权2项，获广东省自然科学基金1项，获广东省农业主导主推品种2个。

（2）旱作工程技术研究中心成果产出情况

开展了原位基质覆盖式免耕播种技术田间试验，研究不同基质覆盖参数下，基质覆盖对土壤呼吸特征的影响，以及氧气特征各项指标对不同基质覆盖参数的响应机理。开展了畜禽复合种养技术研究，通过田间试验明确畜禽田间移位复合种养技术模式，实现生物除草、有机肥还田。开展水肥气一体化技术试验研究，搭建加气灌溉系统，开展了加气灌溉对土壤环境及玉米生长和水稻生长影响的试验研究，通过长期田间定位观测试验，探究原位基质覆盖式免耕播种技术及水肥气一体化技术对土壤结构的影响。开展了水稻稀育密插技术试验研究，为了实现水稻单株苗插秧过程的机械化，研制配套水稻插秧机，并针对驱动形式、插秧速度、行走方式等方面，对插秧机进行了改进升级。开展了有机质浮岛水面复合种养模式的探究，为明确整体系统在实际生产过程中的合理性与有效性，开展水面复合种养模式试验研究。

（四）扶绥热带农业综合实验室建设项目

1. 项目背景

依据《"十三五"农业科技发展规划》《农业部直属单位基本建设规划（2016—2020年）》文件要求，结合科研基地的功能定位，围绕国家农业高新技术产业发展战略和热带地区特色农业（香蕉、菠萝、剑麻、澳洲坚果）发展需求，立足特色农业资源，主要开展香蕉种质资源创制与栽培及香蕉分子微生物工程技术、澳洲坚果新品种示范与推广工作等方面的研究及科技创新、技术研发，为产业发展提供技术支撑，为热带农作物产业升级提供试验平台，成为相关产业工程技术的集散地、辐射源、科研与生产结合的交汇点，推动相关行业科技进步。

明确产业需求和重大关键技术瓶颈，重点开展香蕉、菠萝、剑麻、澳洲坚果等产业的技术研究与推广工作，为产业提供新的优良品种，并对主要病虫害发生规律进行调查，建立标准化种苗生产基地，将该项目建设成为服务地方经济的示范与推广平台、对外科技合作及产学研合作的重要科研与成果转化平台、热科院辐射东南亚的新窗口，进而提升崇左市扶绥县特色农业资源的综合开发能力，形成特色农业资源高新技术创新体系，服务经济社会发展。

2. 项目建设情况

该项目于2018年11月19日立项，2019年9月30日初设，项目总投资2813万元，建设地点在广西崇左市扶绥县。其中2019年中央投资下达600万元，2020年中央投资下达850万元，2021年中央投资下达1 363万元。项目于2019年10月26日开工建设，2021年11月19日工程竣工验收，2023年3月22日完成项目验收。

3. 项目投资效益

（1）开展菠萝种质资源评价和新品种适应性评比试验，建立70余份菠萝种质资源评价圃，建立红香、金钻、甜蜜蜜等5个新品种的比较试验。菠萝种质资源评价方面发表论文2篇，获新品种保护权3件。

（2）开展砂仁优良品种选育。对先后培育的湛砂11、湛砂12、热科1等20个砂仁新品种进行比较，完成了2022年和2023年营养生长期生长习性和植物学性状调查，以及湛砂11和湛砂12等10个品种的开花习性与成花性状调查。在南药春砂仁品种评比试验和优良新品种示范方面发表论文3篇，研制团体标准2件，授权新品种保护权4件。

（3）开展澳洲坚果新品种试验示范、推广和加工研究。成立了扶绥县澳洲坚果研究中心，布置澳洲坚果优良品种展示区，开展澳洲坚果研究与推广工作，助推当地坚果产业健康发展。开展澳洲坚果壳果多级变温振动干燥-劣变与粘壳控制技术研究和我国澳洲坚果油的组成特性研究，发表SCI论文3篇，申请发明专利4件，出版专著1部，获批省部级科研项目1项。

（4）开展甘蔗新品种试验示范与推广，开展新品种选育与技术培训等服务。与公司、高校、科研单位等签订长期联合育种协议，2023年共培育甘蔗杂交实生苗31.5万株。目前筛选出优良甘蔗品系2 400个，在扶绥生产上扩繁的新品系3个。

（五）菠萝新品种培育示范基地建设项目

1. 项目背景

湛江徐闻“曲界菠萝”是雷州半岛重要优势特色农产品，产品市场占有率和影响力较高。广东省菠萝种植面积约65万亩，其中78%的种植面积和90%的产量来自雷州半岛徐闻县和雷州市，广东省菠萝为市场提供菠萝鲜果、菠萝罐头、菠萝果汁、菠萝酶以及叶纤维、饲料和有机肥等，是热区区位优势明显和极具特色的农业产业。但是，由于广东省菠萝产业科技投入严重不足，新品种和标准化生产新技术普及滞后，菠萝产业面临品种结构单一、产业竞争力下降等问题。

立足区域资源禀赋，加快优势特色产业发展，是当前加快推进农业供给侧结构性改革、促进乡村振兴、实现产业兴旺的重要举措。雷州半岛生态条件优越，交通和区位优势明显，土地资源丰富，菠萝产业基础良好。目前，雷州半岛菠萝产业面临转型升级的关键时期。因此，推广新品种，调整产业品种结构，繁育优质菠萝品种种苗，加快良种苗木培育和示范推广，优化品种结构，促进产业转型升级和提质增效已迫在眉睫。

2. 项目建设情况

该项目于2020年8月27日立项，2021年2月中央投资下达780万元，2021年9月中央投资下达520万元，项目总投资1 300万元。工程于2021年7月15日开工建设，2022年3月完成项目验收。

3. 项目投资效益

（1）建设菠萝新品种培育示范基地，用于长期稳定支持菠萝新品种选育研究和新品种示范推广工作。包含菠萝育种亲本圃1个、育种群体选种圃1个和育种材料繁殖基地1个，建设新品种及栽培技术推广示范基地2个、菠萝新品种高标准育苗温室大棚5 000平方米。通过该项目的建设，育苗大棚将具备年产菠萝苗360万株以上的育苗能力，优良新品种比老品种每亩产值增和利润的2倍以上。

（2）项目培育并推广优质新品种，做到优质优价，优良品种田间收购价格是老品种的1～2倍，种植优良新品种的经济效益显著。老品种巴厘菠萝一般2～3元/千克，亩产值约10 000元，每亩投入约6 000元。项目实施推广使用优良新品种，每亩产出合格菠萝果3 500千克，每千克市场价6元左右，每亩的产值约21 000元，每亩投入约10 000元。优良新品种每亩是老品种产值和利润的2倍以上。

（3）培育优良新品种，为产业的持续稳定发展提供品种贮备支持。建立优良新品种生产示范基地，展示和提供技术服务与培训，辐射带动周边果农种植新品种，有力地促进新品种推广，促进广东省菠萝产业的结构调整，提升产业竞争力，产生明显的社会效益。

（六）国家土壤质量湛江观测实验站建设项目

1. 项目背景

2019年5月，按照《农业部关于启动农业基础性长期性科技工作的通知》（农科教发〔2017〕5号）及《农业基础性长期性科技工作实施方案》的有关要求，农业农村部组织第二批国家农业科学观测实验站认定，根据已有观测年限和工作基础条件，并经现场考察和专家论证，南亚所设在湛江市麻章区的国家土壤质量湛江观测实验站（以下简称“湛江站”）入选第二批国家农业科学观测实验站。因此，提出“国家土壤质量湛江观测实验站建设项目”，主要是为了完善实验站田间试验基础建设及配套仪器设备，解决实验站定位观测试验缺乏标准化试验小区隔离田埂、实验用房紧张和仪器设备缺乏等问题。建成后将有效改善湛江站的红壤果园土壤养分循环、果园地力定向提升和土壤退化阻控等领域科学观测和数据收集的设施条件。

力争在“十四五”期间形成一个包括土壤质量动态监测、砖红壤耕地定向培肥、精准灌溉施肥、砖红壤耕地保护、水分跨季节利用增产增效及农业资源综合利用等多学科背景，具有较强创新能力的专业红壤耕地土壤质量监测与土壤改良体系和研究团队，为热带果园土壤管理技术措施的建立提供重要的科学依据，促进砖红壤区耕地质量的持续提升和农业现代化的发展。

2. 项目建设情况

该项目于2019年12月3日立项，2020年11月27日初设，项目总投资1276万元，建设地点为广东省湛江市麻章区湖秀路1号。其中2023年中央投资下达400万元，工程于2023年12月10日开工建设，目前建安工程总体形象进度已达到70%，已基本完成建安工程的场地整平、场外供电、蓄水池、排水沟、田间道路、挡土墙、安防监控系统等建设；正在同步施工的有混凝土道路、围墙、隔离田埂、网室、门卫室等；科研用房修缮还未施工，仪器设备还未招标。

3. 项目投资效益

项目还在建设中，目前效益还未体现。

第二节　中央级科学事业单位改善科研条件专项项目概述

为切实改善中央级科学事业单位的科研条件，推进科技创新能力建设，2021年财政部对《中央级科学事业单位修缮购置专项资金管理办法》（财教〔2006〕118号）进行了修订，出台了《中央级科学事业单位改善科研条件专项资金管理办法》（财教〔2021〕100号），规范和加强中央级科学事业单位改善科研条件专项资金管理。

中央级科学事业单位改善科研条件专项资金坚持“科学规划，突出重点”“统筹资源，共享共用”“专款专用，规范管理”“突出绩效，激励约束”管理原则，重点支持科研用房及科研辅助设施的维修改造，水、暖、电、气等基础设施的维修改造，科学仪器设备购置等。着力解决农业科研基础条件薄弱的问题，取得了显著成效，逐步成为了中央财政优化科技投入的重要举措，是国家对科研单位的一项重要财政投入。

南亚所2019—2023年间，共获批中央级科学事业单位改善科研条件专项建设资金项目6项，资金总额2 484.16万元，其中房屋修缮类项目2项，资金总额1 179.16万元；基础设施改造类项目3项，资金总额945万元；仪器设备购置类项目1项，资金总额360万元（表5-2）。每年支持1～2项，项目资金稳定。

利用中央级科学事业单位改善科研条件专项项目，共修缮房屋面积7 683.1平方米，温室及大棚6 442.8平方米，改造道路及晒场8 649.78平方米，排水沟2 752.86米，挡土墙772立方米，蓄水池4座共2 317.5立方米，改造大门3座、安防监控系统1套，改造供水管道约2 867.31米，购置设备20台（套）。

表 5-2　2019—2023 年获批中央级科学事业单位改善科研条件专项建设资金项目一览

序号	项目名称	立项年份	金额（万元）	项目类型	验收时间
1	共享设施：南亚所科研辅助用房改造项目（一期）	2019 年	635	房屋修缮	2023 年 5 月
2	防灾减灾：坚果及薯类试验基地基础设施改造项目	2020 年	455	基础设施改造	2023 年 5 月
3	热带纤维作物科研综合试验基地基础设施改造项目	2021 年	130	基础设施改造	2022 年 11 月
4	共享设备：中国热带农业科学院南亚热带作物国家重要热带作物工程技术中心南亚所分中心仪器购置（一期）	2021 年	360	仪器设备购置	2022 年 11 月
5	菠萝科研试验基地基础设施改造项目	2022 年	360	基础设施改造	待验收
6	共享设施：南亚所科研辅助用房改造项目（二期）	2023 年	544.16	房屋修缮	待验收
	合　计		2 484.16		

中央级科学事业单位改善科研条件专项项目的实施，在南亚所取得了以下实施成效：

较大程度改善了科研辅助用房、科研设施设备、科研基地道路、围墙、安防系统、供电设施、给排水系统等基础设施条件，形成了比较完善的交通路网系统及基础设施，提高了基地运输、科学试验的通行能力，改善了科研试验车间条件和科研工作环境，为热带作物研究试验提供了保障，为加快科技成果转移转化奠定良好基础。改善了中国热带农业科学院南亚热带作物国家重要热带作物工程技术中心南亚所分中心相关配套仪器条件，为实现引领南亚热带农业科技发展方向、推动热带农业产业升级、促进农业可持续发展打下了坚实的基础。

项目建设以需求为导向、以问题为导向，根据热科院发展规划和功能布局，围绕南亚所的“一个中心、四个基地”（南亚热带农业科技创新中心，南亚热带作物种质资源收集保存基地、南亚热带作物试验示范基地、南亚热带作物良种良苗繁育基地、南亚热带农业装备与农产品加工基地）的中长期科技发展目标，按照基建管理基本程序及施工规范，严把工程质量关，顺利完成五年重点工作建设任务，实现了预期效果。热带果树生物学综合实验室建设项目荣获“湛江市房屋市政工程安全生产文明施工示范工地”。

通过项目的建设，南亚所构建了符合科技自身发展规律的科研创新体系和实验体系，支撑了南亚热带农业科技的应用基础研究及科技成果的试验示范与转化，提升了科技创新能力和科技服务能力。该项目积极助推农业科技创新，促进农业科技成果的快速转化应用，为南亚所创建世界一流的研究所提供了基础条件的支撑。

第六章 突出人才

南亚所始终坚持“科研立所、人才强所、服务兴所”的方针，牢固树立“求实办所、开放办所、特色办所”理念，以学科建设为导向，研究室建设为基础，人才队伍建设为根本，平台建设为支撑，致力提升科技自主创新能力和产业支撑服务能力。2019—2023 年，相继涌现出一批优秀的科研人员，其中新增海南省“515 人才工程”人才 1 名；海南省领军人才 1 名；海南省拔尖人才 1 名；岗位科学家 1 名；综合实验站站长 1 名；柔性引进院士人才 1 名；全国离退休干部先进个人和农业农村部离退休干部先进个人 1 名；农业农村部离退休干部局先进离退休干部工作者 1 名。

1. 张秀梅

张秀梅，女，1975 年 6 月生，籍贯山西偏关，中共党员。2003 年 7 月毕业于山西农业大学果树学专业、获硕士学位，2009 年 12 月毕业于华南农业大学果树学专业、获博士学位；2011 年 8 月至 2012 年 8 月于美国路易斯安那州立大学食品与营养科学院从事博士后研究；现在南亚所菠萝研究室工作，三级研究员，硕士生导师，广东省粤东西北地区人才发展帮扶计划（以下简称“扬帆计划”）高层次人才，海南省拔尖人才，海南省“515 人才工程”人才，湛江市高层次人才 A 类人才，广东省现代农业产业技术体系香蕉菠萝创新团队菠萝高效栽培技术岗位专家，中国农业技术推广协会园艺产业促进分会第三届理事会理事，广东省园艺学会第十二届理事会理事，广东省植物生理学会第十三届理事会常务理事。

张秀梅同志毕业后分配至南亚所，主要从事热带果树生理与活性成分开发利用研究。2006 年 5 月晋升为助理研究员，2011 年晋升为副研究员，2016 年晋升为研究员。工作期间主要进行了菠萝果实糖积累机理的系统研究，掌握了菠萝果实糖代谢相关酶的可能作用机制、果实品质调控的栽培措施，其研究成果获得 2014—2015 年神农中华农业科技奖二等奖、全国农牧渔业丰收奖三等奖。张秀梅以神秘果为主要研究对象，探明果实中的生物活性物质种类、体内外抗氧化活性、降血糖活性、抗衰老活性及其可能作用途径，初步建立了热带果树营养功能评价与利用研究体系，拓展了果品营养研究领域，其研究成果荣获海南省科学技术奖技术发明奖二等奖。

张秀梅先后主持和参与的项目有国家重点研发计划、国家外国专家局国家重点引智项目、广东省自然科学基金项目、海南省自然科学基金项目、国家公益性行业专项“菠萝安全高效栽培及加工技术研究”等国家级、省部级项目30多项；以第一作者或通讯作者在《Food chemistry》《园艺学报》等国内外知名期刊发表论文60余篇，其中SCI收录论文15篇；主编《菠萝种质资源图谱》《菠萝栽培与病虫害防治彩色图说》和《神秘果栽培与利用》，参编《常绿果树生殖生理及调控技术》《Nutritional composition of fruit cultivars》等著作6部；授权专利12项，指导硕士研究生11名。

2. 李普旺

李普旺，男，1974年12月生，澳大利亚迪肯大学工学博士，研究员、博士生导师。现任热科院农业机械研究所所长，曾任南亚所副所长、农产品加工研究所副所长、湛江站副站长、全国橡胶与橡胶制品标准化技术委员会委员、农业纳米科学创新团队牵头专家、热科院中国热带农业走出去研究中心农产品加工与农机装备团队牵头专家、海南省天然橡胶加工重点实验室主任、广东省乳胶制品工程技术研究中心主任；入选海南省领军人才、海南省拔尖人才、海南省“515人才工程”人才、热科院热带农业“十百千人才工程”百人计划（热带农业十人工程：着力培养国际一流科学家，全职引进院士1～2名，柔性引进院士5～10名，引进培养杰出人才、领军人才10人以上，其中国家级人选3～5名。热带农业百人计划：着力培养学科带头人和产业技术支撑专家，引进培养后备接班人才100名以上，推荐100～200名专家入选省部级高层次人才计划。热带农业千人专项：着力培养项目课题负责人，引进博士或急需人才500名以上，自主培养青年科技骨干500名以上，培训骨干专业技术人才1万人次）。

主要从事天然橡胶加工、热带农业纳米技术、热作天然材料与热带农业资源创新利用研究。先后主持国家海洋局海洋经济创新发展示范城市建设项目、国家重点研发计划、海南省重点研发计划、海南省重大科技计划、海南省国际科技合作研发项目、海南省自然科学基金项目、广东省自然科学基金项目、广东省农业纳米共性关键技术研发创新团队项目、湛江市科技计划项目、中央级公益性科研院所基本科研业务费项目、热科院农业纳米科学创新团队项目等30余项；负责实施国防军工外协项目1项。在国内外发表研究论文140余篇，其中SCI收录论文100多篇，JCR一区收录论文25篇，论文累计影响因子超过300，被引次数累计达到1 000次以上；获国家发明专利50余件，其中发明专利42项，实用新型专利8项；出版专著2部；获海南省科学技术奖科学技术进步奖二等奖3项、三等奖1项，获湖南省国防科技进步奖三等奖1项，获广东省科学技术奖科技进步奖三等奖1项，获湛江市科学技术奖专利金奖1项，获热科院科技创新奖一等奖1项；联合培养博士、硕士研究生20多人。

3. 肖熙鸥

肖熙鸥，男，1988年9月生，籍贯湖南龙山，副研究员，2014年毕业于华南农业大学，获得硕士学位，2024年毕业于甘肃农业大学，获得作物遗传育种博士学位，现任南亚所南方蔬菜研究中心主任，海南省拔尖人才。

2014年加入南亚所后主要从事蔬菜遗传育种与生物技术工作，2017年晋升为助理研究员，2023年晋升为副研究员。近年来，针对茄子抗青枯病育种效率低下的问题，肖熙鸥将传统育种方法和现代生物技术有机结合，揭示茄子抗青枯病机理，建立茄子高效育种体系，创制一批茄子抗病新种质，解决茄子种源匮乏的问题，实现“茄子高效抗青枯病育种体系创新和新品种选育”的目标；系统地掌握蔬菜遗传育种和现代生物技术的理论和专业技能，利用基因组学、表型组学等多组学技术实现种质资源表型和基因型的精准评价，提高鉴定效率；创制茄子遗传群体，解析茄子重要农艺性状遗传机制，揭示和完善茄子抗青枯病分子机制，定位多个重要农艺性状QTL并开发原创性分子标记。建立茄子分子标记定向选择和基因组定点编辑体系，实现茄子定向育种，显著提高育种效率。

肖熙鸥同时先后主持国家自然科学基金面上基金等项目6项；以第一或通讯作者发表SCI论文6篇，参编著作2部，获国家发明专利3项，申报茄子新品种1项。热科院“揭榜挂帅”科技创新管理机制重大农业科技项目负责人，获“中国热带农业科学院南亚热带作物研究所成立65周年杰出人才奖”等荣誉称号。

4. 马小卫

马小卫，男，1979年9月生，籍贯河南周口，西北农林科技大学园艺学院果树学博士，研究员，湛江市高层次人才A类人才，现为国家香蕉（芒果）产业技术体系芒果栽培生理岗位科学家，南亚所芒果研究室主任。

2009年加入南亚所从事芒果栽培生理研究工作，针对沙江干热河谷晚熟芒果果实生理性病害果肉溃败病（俗称“烂心”）频发、高发的问题，连续10年系统开展了理论研究、技术研发和示范推广。明确了晚熟芒果果肉溃败病发病原因是长期单一位置施肥引起根域局部化肥过量，破坏了果实正常钙吸收和转运以及果实内部的正常生理代谢。首次提出山地陡坡芒果园土壤养分测定不能有效反映树体营养状况，原因是受地形条件限制，长期单一位置挖穴施肥导致土壤养分分布极不均匀。研发了“适度扩穴、平衡施肥、土壤物理和生物改良”的芒果果肉溃败病防控技术，使果肉溃败率由10%以上降低到2%以下，为该地区芒果产业振兴和乡村扶贫作出了积极贡献，取得了显著的经济、生态和社会效益。研发并建立的“水果内部病害的田间减控与采后精准无损筛查技术”入选2021年农业农村部农业主推技术（农科办〔2021〕18号）。

马小卫主持国家自然科学基金面上项目、海南省自然科学基金创新研究团队项目、广东省自然科学基金项目、广东省现代农业产业技术体系柑橘芒果产业技术体系创新团队芒果岗位专家等项目7项，以第一作者和通讯作者发表论文20篇，其中SCI收录论文8篇。

5. 苏俊波

苏俊波，男，1978年6月生，籍贯广西阳朔，2006年毕业于广西大学农学院，获硕士学位；2010年于福建农林大学攻读在职博士，并于2016年毕业。现任南亚所旱作种业与节水研究中心主任，副研究员，硕士生导师，中国作物学会甘蔗专业委员会第九届理事会理事，广东省甘蔗学会常务理事。

2006年加入南亚所，创立了甘蔗课题组，18年来坚持不懈地做甘蔗育种工作。先后与隆安洋浦农业科技有限公司、广西大学、广西南亚热带农业科学研究所、云南省农业科学院甘蔗研究所等签订长期联合育种协议，2023 年共培育甘蔗杂交实生苗 31.5 万株，规模全国第一；2024 年培育甘蔗实生苗 83.2 万株，约占全国甘蔗实生苗总数的 2/3，目前筛选出优良甘蔗品系 2 400 个，在扶绥生产上扩繁的新品系 3 个。育成热甘 1 号等甘蔗新品种 15 个，热甘 1 号连续在 2023 年、2024 年入选广东省农业主导品种，选育的热甘系列品种在粤西甘蔗产区逐渐被农民接受，成为粤西甘蔗品种改良的生力军。

积极开展了甘蔗农机农艺融合技术研究，总结出了一套适宜粤西蔗区推广的甘蔗机械化栽培技术，出版专著《粤西甘蔗机械化栽培技术实践》，对指导粤西甘蔗全程机械化生产具有实践参考价值；研发汇总了一套适宜在湛江市推广应用的甘蔗机械化配套栽培技术，推动了湛江市甘蔗生产全程机械化的发展；“基于中小型收获机的农机农艺融合技术模式”在 2023 年入选农业农村部农业主推技术，并且在 2023 年、2024 年连续入选广东省农业主推技术。

苏俊波先后承担了国家糖料产业技术体系试验站站长、农业农村部农业技术试验示范项目 2 项，国家重点研发计划 1 项；获植物品种权 8 件、登记甘蔗品种 1 件，出版专著 2 部，发布行业标准 1 项，以第一作者或通讯作者发表研究论文 20 余篇。

6. 徐明岗

徐明岗，1961 年 1 月生，籍贯陕西杨陵，农田土壤培肥及退化土壤改良专家，国际欧亚科学院院士，山西农业大学学术委员会主任委员、生态环境产业技术研究院首席科学家，中国工程院农业学部院士。2017 年 2 月至 2020 年 9 月任南亚所所长。长期从事耕地质量提升科学研究，探明中国农田土壤有机质演变规律，创建土壤有机质提升关键技术；解决水田有机质动态无法准确预测的国际难题；填补高度集约化生产中有机质研究的国际空白；探明中国南方红壤农田酸化特征，构建红壤酸化分类防控关键技术，实现酸化土壤改良与可持续利用；揭示氮肥驱动、有机肥阻控红壤农田酸化的技术原理，推动国家化肥减施、有机肥替代化肥行动的实施，遏制红壤快速酸化态势；组建土壤质量监测网络及指标体系，为国家耕地质量科技进步和决策制定提供原创平台；牵头组建覆盖全中国的长期土壤肥力监测网络及指标体系。引领我国耕地质量长期试验网，创新农田土壤有机质和红壤酸化的调控理论与关键技术。

先后获得国家科学技术进步奖二等奖 4 项；以第一或通讯作者发表论文 300 余篇，其中 SCI 论文近 100 篇，出版专著 10 余部，其中《中国土壤肥力演变》获第六届中华优秀出版物（图书）奖。获周光召基金会首届农业科学奖、全国创新争先奖；先后被授予科学技术部“九五”国家重点科技攻关先进个人、“十一五”粮食丰产科技工程实施先进个人、农业农村部优秀共产党员。获 2018 年美国农学会农业科学奖、2019 年联合国粮食及农业组织（FAO）格林卡世界土壤奖。2022 年 3 月，南亚所柔性引进并聘任徐明岗为土壤学首席科学家。

7. 张新民

张新民，1956 年 4 月生，籍贯山东东营，2016 年 9 月退休，原南亚所党委办公室主任、农艺师。退休后的张新民毅然接受了南亚所党委交付的光荣而艰巨的使命，担任广东省雷州市塘东村驻村第一书记。坚守岗位三年期间，他勇担重任，夙夜为公，通过开展科技产业专项扶贫、行业扶贫、社会扶贫“三位一体”模式，取得了有目共睹的成绩：塘东村2016至2018年脱贫65户234人，脱贫率达到了82.11%。他与全国19.5万名奋战在脱贫攻坚一线的第一书记一样，远离家人，用赤诚与初心践行诺言，用激情与信仰燃烧生命，在中国乃至世界的反贫困史上，书写了浓墨重彩的一页。2019年获农业农村部离退休干部先进个人和全国离退休干部先进个人称号。

8. 刘江平

刘江平，1977年2月生，籍贯湖南攸县，中共党员。现任南亚所产业发展支部纪委委员、科普教育中心主任。

自2001年9月参加工作以来，先后在南亚所子弟学校、办公室、人事处、科普教育中心等部门工作，历任技术员、研究实习员、助理研究员、副主任、副处长。曾被评为湛江市优秀党务工作者、南亚所绩效改革先进个人、南亚所优秀党员。

在人事管理和科普教育工作中，一直致力于以“为职工谋福祉，为单位谋发展，提高单位综合实力”为工作目标，主持完善职工福利待遇，解决合同工待遇差和考工难问题；适时推进绩效改革和人才引进培养制度，提高单位人才竞争力；加强编外人员管理，构建多渠道人才保障；加强服务管理，构筑管理有序服务到位的人事工作体系；积极与相关部门沟通，完成南亚所植物园改造项目、区域植物园、香港青少年国防教育基地等项目申报工作，积极推广南亚所科研和科普工作，提升南亚所影响力。通过争取专项补贴，精准计算社会保险湛江转移海南经费“顺差”，构建了离退休人员多渠道保障体系，在热科院机关养老保险改革和海南事业单位改革中推广应用。2021年被农业农村部离退休干部局授予先进离退休干部工作者荣誉称号。

第七章 机构队伍

第一节 机构设置变迁

一、职责定位

南亚所的主要职责为：承担南亚热带作物应用基础研究、应用研究和重大关键技术研究；南亚热带作物种质资源收集、鉴定与利用；芒果、菠萝、澳洲坚果等南亚热带果树、剑麻等热带纤维新技术研究、新品种培育与示范；南亚热带生物质能源工程技术研究、南亚热带农业资源高效利用与良好环境生态建设关键技术研究与示范等职责［《农业部关于中国热带农业科学院主要职责、内设机构和人员编制的批复》（农人发〔2007〕10号）］。

2019年，按照中央国家机关事业单位分类工作部署，南亚所被划入公益二类。［《中央编办关于农业农村部所属部分事业单位分类的批复》（中央编办复字〔2019〕105号）］。

二、内设机构设置

（一）行政管理机构

2017年10月，根据《中国热带农业科学院湛江院区“三所一站”管理改革工作方案》（热科院人〔2017〕315号），南亚热带作物研究所与湛江站合署办公，2018年3月，湛江站管理工作人员分别融合到南亚所的7个行政处室中，自此开始实行“两块牌子、一套人马”管理模式。

2020年2月，为构建现代院所治理体系，优化机构设置，根据《中国热带农业科学院关于公布院属二级单位机构设置的通知》（热科院发〔2020〕55号），南亚所（湛江站）设办公室（党委办公室）、科技处、财务处、条件保障处共4个管理机构和产业发展部、四川攀枝花研究院综合办公室、所办企业（2022年7月南亚所全面退出所有参股或独资企业）共3个服务机构。

2022 年 1 月，根据《中国热带农业科学院关于调整湛江院区“三所一站”管理体制的通知》，南亚所、湛江站分别独立运行。自此湛江站管理工作人员从南亚所内设机构中分离出来。

2022 年 4 月，根据《中国热带农业科学院关于南亚热带作物研究所内设机构设置的批复》（热科院人〔2022〕30 号），南亚所设办公室（党委办公室）、科技处、财务处、条件保障处、产业发展部、四川攀枝花研究院综合办公室共 6 个职能部门。职能部门主要职责如下：

1. 办公室（党委办公室）

主要承担行政、党务、纪检、宣传、保密、人事人才、老干部、图书档案等工作。负责综合协调全所事务及工作运转；负责起草单位工作计划、事业规划、工作总结、重要报告；负责单位重要会务、活动及重要事项的安排和督查工作；负责文秘、宣传、信访、保密、文书档案及单位的行政事务工作；负责机构设置、职工的人事调配、定编设岗、岗位聘任、劳动工资、职务（职称）晋升、人才培养、博士后管理、公积金和考核奖惩等工作；负责党务、计生、工青妇、纪检和对外交流工作等。对接热科院办公室、纪检监察审计室、机关党委、人事处、人才工作处、离退休人员工作处。

2. 科技处

主要承担科技成果、项目、学科建设等科技创新管理工作；负责国际合作、研究生培养、博士后学术管理、科技创新体系建设、科技人员考核评价及科技平台运行等管理工作；负责知识产权保护；做好热带农业科技咨询等服务工作。对接热科院科技处和国际合作处。

3. 财务处

主要承担单位内控建设、财经管理、财务预决算、专项资金监管和资产管理等工作。负责全所固定资产和住房档案系统及住房补贴的管理与发放工作；负责财经和固定资产档案的整理归档等工作，对接热科院财务处、院资产处。

4. 条件保障处

负责各类科研平台和科研条件等基本建设项目的规划、建设、申报及管理工作，接受有关部门的论证、评审、检查、评估和验收等组织管理工作；负责编制单位空间发展规划、基地与条件建设中长期规划和土地利用规划；负责公共基础设施（水、电除外）等维修工作；负责全所政府采购及采购平台的管理及验收工作；负责组织申报科研设施运转项目。对接热科院计划基建处。

5. 产业发展部

负责科技支撑乡村振兴、所地合作和科技创新示范基地的市场化运营管理工作、南亚所属开发实体的管理，负责房屋租赁、后勤、物业服务等。对接热科院产业发展处、成果转化处、国家重要热带作物工程技术研发中心。管理后勤服务中心、基地服务中心，乡村振兴服务中心、良种苗木繁育中心、科普教育中心、热科院大型仪器设备共享中心南亚所分中心（公共技术中心）。

6. 四川攀枝花研究院综合办公室

负责南亚所攀枝花分院运行日常管理工作。为南亚所攀枝花分院开展金沙江干热河谷资源环境高效利用、热带果树产业、特色瓜菜产业、资源收集与创新利用、循环农业和休闲农业与乡村振兴研究等方面的研究和成果转化。立足特色农业资源，打造成为金沙江干热河谷特色热带农业科技创新中心，为服务四川攀枝花热带农业发展等工作做好相关管理服务工作。对接热科院相关部门及攀枝花市政府。

（二）科研内设机构

2020年4月，根据《中国热带农业科学院关于院属二级单位机构设置的批复》（热科院办发〔2020〕56号），南亚所与湛江站融合设置15个科研机构：南亚热带作物种质资源研究室、植物营养研究室、休闲农业研究室、园艺产品保鲜与加工研究室、旱作新材料研究室、旱作种业与节水研究中心、旱作农业工程技术研究中心、南亚热带粮食作物研究中心、香蕉杂交育种研究中心、剑麻研究中心、菠萝研究中心、澳洲坚果研究中心、芒果研究中心、荔枝龙眼研究中心、南方蔬菜研究中心。

2022年4月，根据《中国热带农业科学院关于南亚热带作物研究所内设机构设置的批复》（热科院办人〔2022〕30号），将南亚热带粮食作物研究中心和南方蔬菜研究中心合并为一个科研机构，合并后名为南亚热带粮食作物研究中心（南方蔬菜研究中心）。自此，南亚所内设科研机构从15个减为14个。内设科研机构主要职责如下：

1. 南亚热带作物种质资源研究室

开展南亚热带作物种质资源引种与安全保存等基础性工作，确保国家热带果树种质资源圃、广东省南亚热带作物种质圃物种的丰富度及平台的正常运行；系统开展热带优稀果树的编目、评价筛选与创新利用等相关工作；创建全面系统的热带优稀果树保存体系和鉴定平台；围绕果树重要农艺性状及嫁接开展理论基础研究。

2. 植物营养研究室

开展南亚热带作物—土壤过程长期监测、土壤质量演变与地力提升、热带作物生长发育与养分需求规律研究；研发平衡施肥技术与专用肥料配方、作物营养与果实品质调控技术研究，探索创建南亚热带果园绿色低碳发展技术模式。

3. 休闲农业研究室

致力于服务热区现代农业发展需求，紧密围绕国家战略和产业发展，开展休闲农业发展模式、园区规划设计研究；开展澳洲坚果、芒果等热带特色果蔬贮藏与加工技术研究与应用推广工作，着力推进热带特色食品多元化、功能化和高值化加工与利用技术创新。

4. 园艺产品保鲜与加工研究室

开展热带园艺作物采后生理与保鲜理论创新和技术研发，围绕热带园艺产品成熟衰老、品质劣变及采后主要病害发生机制开展有关基础和应用基础研究，研发保持产品采后品质、减少产品采后损失及采后病害控制的贮藏保鲜和商品化处理等相关技术。

5. 旱作新材料研究室

开展绿色高效农用新材料研究，致力于新型热带果蔬贮藏保鲜材料、新型功能肥料和农业纳米材料等方面的研究和应用；开展热带农业废弃物资源化利用，废弃物气肥联产技术等方面的研究和应用。

6. 旱作种业与节水研究中心

开展以甘蔗为代表的主要南亚热带旱地作物种质资源收集、评价与综合利用，选育高产耐旱优良新品种，研发种苗绿色高效繁育技术；研究作物水、碳高效利用机制，开展“粤西—桂南”区旱地农田生态系统长期观测与定位试验，良种—农机—农艺融合技术模式研发、集成与示范。

7. 旱作农业工程技术研究中心

开展高度适配针对菠萝、芒果、荔枝等南亚热带地区特色作物的农业工程技术与装备研发，全面覆盖从机械化精准种植到智能高效植保、再到自动化收获的全生产链环节。促进农业机械与农艺实践的深度融合，形成集机械化作业、智能化监控、自动化管理于一体的创新生产技术模式，以提升农业生产效能、保障作物品质、促进农业可持续发展。

8. 南亚热带粮食作物研究中心（南方蔬菜研究中心）

负责马铃薯等热区粮食作物优良品种选育及配套技术研发与示范、高效栽培及病虫害综合防控技术研发、产地加工及精深加工新产品研发、标准化栽培技术推广。挖掘调控茄果类重要农艺性状形成的基因和遗传位点，开发相应的功能性分子标记；以分子标记辅助育种技术为基础，重点突破单倍体诱导、基因编辑和全基因组选择等育种前沿技术，逐步开展不育化种子生产技术、近等位基因系选择等现代育种技术的研究及应用，构建高效的生物育种核心技术体系，提高育种效率，加快育种进程。高效定向创制抗青枯病、耐高温、优质的新种质并推动产业化利用。

9. 香蕉杂交育种研究中心

负责香蕉杂交育种、香蕉诱变育种技术研究；开展香蕉优良新品种选育及配套技术研发与示范，高效栽培及病虫害综合防控技术研发；建设香蕉安全优质试验示范基地，开展标准化技术集成与推广应用。

10. 剑麻研究中心

负责剑麻种质资源收集保存与鉴定、优良品种选育及配套技术研发与示范、高效栽培及病虫害综合防控技术研发、多用途利用技术等研究，开展产地加工及精深加工新产品研发、标准化技术集成与推广应用。

11. 菠萝研究中心

负责菠萝种质资源的保存及鉴定、优良品种选育、优质高效栽培技术研发、标准化生产技术集成与推广应用。

12. 澳洲坚果研究中心

负责澳洲坚果种质资源创新利用、新品种选育及配套技术研究示范，开展高效栽培及病虫害综合防控技术研发、产地加工及精深加工新产品研发、标准化技术集成与推广应用。

13. 芒果研究中心

负责芒果优良品种选育、配套技术研发与示范，开展高效栽培及病虫害综合防控技术研发、产地加工及精深加工新产品研发、标准化技术集成与推广应用。

14. 荔枝龙眼研究中心

负责荔枝、龙眼优良品种选育及配套技术研发、示范及推广，开展高产高效栽培技术研发、集成与推广应用。

（三）其他附属机构

2020年4月，根据《中国热带农业科学院关于院属二级单位机构设置的批复》（热科院办发〔2020〕56号），南亚所设有乡村振兴服务中心、良种苗木繁育中心、农业试验材料生产中心、科普教育中心、后勤服务中心、基地服务中心、热科院大型仪器设备共享中心南亚所分中心、公共技术中心。

2022年10月，根据工作需要，撤销农业试验材料生产中心，公共技术中心与热科院大型仪器设备共享中心南亚所分中心合署办公。

各中心主要职责如下：

1. 乡村振兴服务中心

主要负责组织编制、实施科技支撑乡村振兴发展规划；组织所地合作，打造乡村振兴科技引领示范点；负责科技创新示范基地规划编制、市场化运营与管理工作；负责科技成果转移转化、技术示范与推广工作；负责技术培训、技术咨询、科普活动、科技下乡、科技扶贫、科技展示等科技服务工作。

2. 良种苗木繁育中心

负责果树种苗繁育和园林花木培育工作；开展果树种苗和园林花木推广与销售工作、现代农业种业类项目的申报与实施工作、果树种苗和园林花木生产技术规范的制定工作；通过有偿方式，充分利用现有资源，协助其他部门开展科研工作。

3. 科普教育中心

开展中小学生科普教育、研学实践活动，负责南亚热带植物园景区旅游、宣传与接待工作；负责南亚热带植物园景区维护及卫生工作、工作日单位职工午餐及对外接待餐的服务及安全工作。

4. 后勤服务中心

负责房屋租赁管理工作，公有住房管理与维护、物业管理工作；负责土地日常管理、土地合作利用与开发工作；负责离退休人员管理与服务工作，做好养老资格认证、医疗报销、离退休变化情况申报及有关统计等；负责医务室的管理工作，做好在职、退休人员体检及门诊报销工作；负责公务车辆管理与维护工作；负责水电管理、环境绿化卫生工作。

5. 基地服务中心

负责土地维权、综合治理工作；开展基地日常巡逻、防火防盗、安全生产工作；负责办公区域和生活区域消防、安全保卫，维护正常秩序；负责职工法治宣传教育工作。

6. 热科院大型仪器设备共享中心南亚所分中心

主要负责统筹全所实验室安全卫生管理、大型仪器设备的运行维护，提出公用大型仪器设备采购规划建议，推动科学仪器设备装置条件建设的升级完善，有力支撑科技创新。制定南亚所共享分中心的发展建设规划，负责仪器设备购置规划和技术审核、仪器设备信息整理上报、绩效考核评估等仪器共享相关工作。对接热科院大型仪器设备共享中心。

7. 公共技术中心

开展热带农业环境质量检测分析与评估、热带农产品质量安全检测与评估；开展土壤质量提升、改良修复和安全利用技术研发与示范推广，肥料产品质量检测、效益评价与研发推广；开展热带果树品种分析技术方法的开发与应用推广。

第二节　历任领导班子

南亚所发展至今，共经历 16 届领导班子，2007 年核定南亚所所级领导职数 5 人。

一、现任领导班子

所长（2020 年 1 月至今）、党委书记（2022 年 11 月至今）杜丽清

党委副书记、副所长罗志强（2023 年 9 月至今）

副所长楚小强（2023 年 9 月至今）

二、历届领导班子成员名单

南亚所历任领导班子任职情况见表 7－1。

表 7－1　南亚所历任领导班子名录

届数	站长/所长	党委书记	副职
第一届	张日奎（1954—1955 年）	张日奎（1954—1955 年）	
第二届	张连三（1955—1961 年）	张连三（1955—1961 年）	梁中光（1958—1960 年），庞廷祥（1957—1961 年）
第三届	王勖（1961—1968 年）	张汝法（1961—1968 年）	庞廷祥（1961—1968 年）
第四届	张汝法（1968—1974 年）	张汝法（1968—1974 年）	庞廷祥（1968—1974 年），任惠臣（1972—1974 年）
第五届	—	谭坤（1974—1977 年）	庞廷祥（1975—1977 年），任惠臣（1974—1975 年），郑立生（1976—1977 年），陈作泉（1976—1977 年）
第六届	戴济（1976—1985 年）	谭坤（1977—1984 年）	庞廷祥（1977—1985 年），郑立生（1977—1984 年），陈作泉（1977—1984 年），黄华佑（1977—1983 年），刘旺进（1984—1985 年），余让水（1984—1985 年）
第七届	陈作泉（1985—1991 年）	戴济（1985—1987 年），余让水（1987—1991 年）	庞廷祥（1985—1987 年），余让水（1985—1987 年），胡继胜（1985—1991 年），李昌（1987—1991 年）
第八届	莫善文（1992—1994 年）	李昌（1991—1995 年），程儒雄（1996—1998 年，副书记主持工作）	黄祖传（1992—1994 年），程儒雄（1992—1994 年）
第九届	肖邦森（1995—1999 年）	张海林（1998—1999 年）	黄祖传（1994—1995 年），程儒雄（1994—1997 年），孙光明（1995—1999 年），何进威（？—1998 年）
第十届	孙光明（1999—2003 年）	陈永辉（1999—2003 年）	陆超忠（1999—2003 年）
第十一届	易克贤（2003—2006 年）	陈永辉（2003—2005 年）	陆超忠（2003—2006 年），罗萍（2003—2006 年）
第十二届	孙光明（2006—2010 年）	窦美安（2006—2008 年，副书记主持工作），谢江辉（2008—2010 年）	陆超忠（2006—2010 年），罗萍（2006—2008 年），窦美安（2006—2010 年），谢江辉（2006—2008 年），张令宏（2008—2010 年）
第十三届	谢江辉（2010—2015 年）	孙好勤（2010—2012 年），王家保（2012—2014 年），秦福增（2014—2015 年）	詹儒林（2010—2015 年），杜丽清（2010—2015 年），李端奇（2010—2015 年），江汉青（2011—2015 年）
第十四届	杜丽清（2015—2017 年，副所长主持工作）	秦福增（2015—2017 年）	杜丽清（2015—2017 年），詹儒林（2015—2017 年），李端奇（2015—2016 年），王秀全（2016—2017 年）

（续）

届数	站长/所长	党委书记	副职
第十五届	徐明岗（2017—2020年）	杜丽清（2017—2020年，副书记主持工作）	杜丽清（2017—2020年），詹儒林（2015—2018年），江汉青（2017—2020年），李端奇（2017—2020年），陈佳瑛（2018—2020年）
第十六届	杜丽清（2020年至今）	杜丽清（2020—2022年，副书记主持工作） 杜丽清（2022年至今）	江汉青（2020—2022年），陈佳瑛（2020—2023年），李普旺（2020—2024年），罗志强（2023年至今），楚小强（2023年至今）

第三节　人事变迁

根据《农业部关于中国热带农业科学院主要职责内设机构和人员编制的批复》（农人发〔2007〕10号）文件内容，核定南亚所的人员编制435名，其中财政补助编制340名，经费自理编制95名。近5年来，南亚所工人身份工作人员进一步减少，专业技术工作人员增至170人，科研人才队伍得到进一步优化。截至2023年12月，南亚所在职职工179人，干部169人，工人10人，离退休职工222人。其中具有高级职称者57人，博士32人，硕士89人。2019—2023年在所工作人员变动名录见表7-2。

表7-2　2019—2023年在所工作人员变动名录

序号	姓名	性别	身份	来所起止时间（年）	备注
1	徐明岗	男	所长（副局级）/研究员	2017—2020	热科院外调动
2	杜丽清	男	所长（副局级）、党委书记	2003至今	
3	陈佳瑛	女	副所长（正处级）纪委书记/副研究员	2000—2023	热科院内调动
4	陈海芳	女	高级农艺师	1990至今	
5	袁晓丽	女	农艺师	1998至今	
6	钟宁	男	助理研究员	1993至今	
7	冯文星	男	农艺师	1978—2020	退休
8	田发清	男	农艺师	1986—2023	退休
9	殷小兰	女	助理研究员	2013至今	
10	唐远红	女	助理研究员	2016至今	
11	黄炳钰	男	副主任（正科级）	2017至今	
12	刘恒	男	处长（副处级）/研究员	2016—2020	辞职
13	宋喜梅	女	副研究员	2010至今	
14	桑雪莲	女	助理研究员	2014—2020	辞职
15	邢姗姗	女	主任（副处级）	2011至今	

（续）

序号	姓名	性别	身份	来所起止时间（年）	备注
16	刘江平	女	助理研究员	2001 至今	
17	曹娟	女	助理研究员	2001 至今	
18	郑昊天	男	研究实习员	2018 至今	
19	彭欣婷	女	处长（副处级）	2009 至今	
20	陈世海	男	副主任（正科级）	2012 至今	
21	黄冬云	女	助理研究员	1996 至今	
22	陈丽	女	助理研究员	2013 至今	
23	王海勇	男	会计师	2015—2020	热科院内调动
24	郑良永	男	处长（副处级）/副研究员	2005—2020	热科院内调动
25	庞观胜	男	副处长（正科级）	1998 至今	
26	文定青	女	农艺师	2003—2021	退休
27	李相林	男	副处长（正科级）	2016 至今	
28	左雪冬	男	主任（副处级）	2006 至今	
29	何小龙	男	农艺师	2016 至今	
30	吴浩	男	处长（副处级）	1995 至今	
31	钟承全	男	中学一级教师	1985—2022	退休
32	周泉斯	男	中级工程师	1992 至今	
33	田海燕	女	中级工程师	2009—2023	热科院内调动
34	杨颖娣	女	中级工程师	2014 至今	
35	房靖超	男	研究实习员	2016—2020	热科院内调动
36	陈超	男	工程师	2017 至今	
37	邹明宏	男	副研究员	2003 至今	
38	陈晶晶	女	副研究员	2012 至今	
39	武丽琼	女	副研究员	1992 至今	
40	王琚钢	男	助理研究员	2015—2018	辞职
41	李栋梁	男	助理研究员	2014 至今	
42	杨倩	女	助理研究员	2017 至今	
43	郑斌	男	助理研究员	2017 至今	
44	王松标	男	研究员	1999 至今	
45	武红霞	女	研究员	2003 至今	
46	马小卫	男	研究员	2009 至今	
47	梁清志	男	副研究员	2013—2023	辞职
48	李丽	女	助理研究员	2015—2022	辞职
49	周毅刚	男	农艺师	1986—2022	退休

（续）

序号	姓名	性别	身份	来所起止时间（年）	备注
50	许文天	女	助理研究员	2014 至今	
51	张秀梅	女	研究员	2003 至今	
52	刘胜辉	女	副研究员	2000 至今	
53	吴青松	男	副研究员	2006 至今	
54	李运合	男	副研究员	2007—2020	辞职
55	陆新华	女	副研究员	2000 至今	
56	张红娜	女	副研究员	2014—2020	辞职
57	孙伟生	男	副研究员	2006 至今	
58	杨玉梅	女	农艺师	2003—2023	退休
59	朱祝英	女	实验师	1997 至今	
60	林文秋	女	助理研究员	2016 至今	
61	付琼	女	实验师	2013 至今	
62	胡会刚	男	研究员	2011 至今	
63	孙德权	男	副研究员	1999 至今	
64	庞振才	男	助理研究员	1990 至今	
65	胡玉林	女	副研究员	2006 至今	
66	李伟明	男	助理研究员	2009—2022	辞职
67	段雅婕	女	副研究员	2013 至今	
68	黄俊熙	男	农艺师	2004—2022	退休
69	曾辉	男	副研究员	1996 至今	
70	陆超忠	男	研究员	1992—2022	退休
71	杨为海	男	副研究员	2009—2019	辞职
72	陈倪	女	助理研究员	2016—2020	辞职
73	万继锋	男	助理研究员	2014 至今	
74	罗炼芳	女	农艺师	1993 至今	
75	张汉周	男	农艺师	1989 至今	
76	石胜友	男	研究员	2008—2023	热科院内调动
77	李伟才	男	研究员	1998 至今	
78	刘丽琴	女	副研究员	2012 至今	
79	董晨	女	副研究员	2012 至今	
80	王一承	男	高级农艺师	2003—2022	退休
81	决登伟	男	助理研究员	2014—2020	辞职
82	魏永赞	男	副研究员	2010—2020	热科院内调动
83	王弋	男	助理研究员	2016 至今	

（续）

序号	姓名	性别	身份	来所起止时间（年）	备注
84	周文钊	男	研究员	1989 至今	
85	张燕梅	女	副研究员	2007 至今	
86	林映雪	女	农艺师	1983—2020	退休
87	陆军迎	男	助理研究员	1995 至今	
88	李俊峰	男	助理研究员	2007 至今	
89	鹿志伟	男	助理研究员	2015 至今	
90	杨子平	男	助理研究员	2016 至今	
91	金辉	男	农业推广研究员	2017 至今	
92	吕玲玲	女	副研究员	2003—2019	辞职
93	贾利强	男	副研究员	2012—2019	辞职
94	高晓敏	女	助理研究员	2015—2019	辞职
95	赵秋芳	女	副研究员	2014 至今	
96	李威	男	副处长（正科级）	2013 至今	
97	肖熙鸥	男	副研究员	2014 至今	
98	李可	女	研究实习员	2016—2020	辞职
99	陈曙	男	助理研究员	2016 至今	
100	陈宏良	男	助理实验师	1977—2020	退休
101	张鲁斌	男	研究员	2007—2019	辞职
102	洪克前	男	副研究员	2011 至今	
103	谷会	男	副研究员	2007 至今	
104	贾志伟	男	助理研究员	2013 至今	
105	侯晓婉	女	助理研究员	2016 至今	
106	宋康华	女	助理研究员	2016 至今	
107	姚全胜	男	研究员	2001 至今	
108	赵艳龙	男	高级农艺师	2003 至今	
109	何衍彪	男	副研究员	2003—2020	辞职
110	常金梅	女	副研究员	2010—2019	辞职
111	李国平	男	农艺师	2012 至今	
112	柳凤	女	副研究员	2014 至今	
113	吴婧波	女	助理研究员	2016 至今	
114	石伟琦	男	研究员	2008 至今	
115	陈菁	男	副研究员	1999 至今	
116	冼皑敏	女	实验师	1996 至今	
117	马海洋	男	副研究员	2012 至今	

（续）

序号	姓名	性别	身份	来所起止时间（年）	备注
118	刘亚男	女	助理研究员	2012 至今	
119	邓旭	男	副研究员	1997 至今	
120	马飞跃	女	助理研究员	2014—2022	热科院外调动
121	涂行浩	男	处长（副处级）	2013 至今	
122	帅希祥	男	助理研究员	2015—2020，2023 至今	
123	乔健	男	助理研究员	2015 至今	
124	张明	男	助理研究员	2016 至今	
125	陈妹	女	助理研究员	2016 至今	
126	魏长宾	男	研究员	2006 至今	
127	马智玲	女	副研究员	2013 至今	
128	张广明	男	助理研究员	2001 至今	
129	冯芹	女	农艺师	2005 至今	
130	张莉	女	农艺师	1996 至今	
131	冯海燕	女	农艺师	2005 至今	
132	马朝明	男	实验师	2015 至今	
133	李国	男	农艺师	1990—2023	退休
134	欧阳红军	男	农艺师	2012 至今	
135	庄宝康	男	助理实验师	2015 至今	
136	欧雄常	男	助理研究员	2012 至今	
137	昝丽梅	女	助理农艺师	2010—2021	热科院内调动
138	苏俊波	男	副研究员	2006 至今	
139	孔冉	男	助理研究员	2013 至今	
140	汪春	男	教授	2017—2023	退休
141	邹华芬	女	高级农艺师	2017 至今	
142	李海亮	男	副研究员	2018 至今	
143	孙海天	男	助理研究员	2018 至今	
144	范辉建	男	副研究员	1986 至今	
145	罗文扬	男	副研究员	1987 至今	
146	张华平	男	助理研究员	1983—2022	退休
147	陈志辉	男	助理研究员	1997 至今	
148	罗旭年	男	中学二级教师	1992—2020	辞职
149	李江龙	男	工勤技能三级（高级工）	1981 至今	
150	余友华	男	工勤技能三级（高级工）	1979—2022	退休

（续）

序号	姓名	性别	身份	来所起止时间（年）	备注
151	张义华	男	工勤技能三级（高级工）	1991—2022	退休
152	陈光辉	男	工勤技能三级（高级工）	1977—2019	退休
153	符运球	男	工勤技能三级（高级工）	1978—2021	退休
154	林光华	男	工勤技能三级（高级工）	1979—2021	退休
155	陈鸿	男	工勤技能三级（高级工）	1981 至今	
156	李平军	男	工勤技能四级（中级工）	1992 至今	
157	傅世荣	男	工勤技能三级（高级工）	1993 至今	
158	彭文辉	男	工勤技能四级（中级工）	1992 至今	
159	张伟雄	男	工勤技能四级（中级工）	1983—2022	在职期间去世
160	叶小军	男	工勤技能四级（中级工）	1991 至今	
161	周菜珠	女	工勤技能四级（中级工）	1993 至今	
162	张智	女	助理会计师	2011—2020	辞职
163	吴东梅	女	工勤技能三级（高级工）	1989—1994 2007—2019	退休
164	刘汉明	男	工勤技能三级（高级工）	1990—2023	退休
165	李康福	男	工勤技能三级（高级工）	1976—2019	退休
166	许章生	男	工勤技能四级（中级工）	1987—2022	退休
167	陈伟英	女	工勤技能四级（中级工）	1993—2022	退休
168	张海青	男	工勤技能四级（中级工）	1990—2023	退休
169	陈明侃	男	工勤技能四级（中级工）	1988 至今	
170	石有旭	男	工勤技能四级（中级工）	2015 至今	
171	温海花	女	工勤技能五级（初级工）	2015—2020	退休
172	陈文宏	男	工勤技能四级（中级工）	2015 至今	
173	刘万明	男	工勤技能三级（高级工）	1991—2022	退休
174	韦志江	男	工勤技能三级（高级工）	2015—2019	退休
175	许珠明	男	普通工人	1982—2019	退休
176	陈德文	男	普通工人	1981—2022	退休
177	李建鑫	男	见习人员	2019—2019	辞职
178	刘思汝	女	助理研究员	2019 至今	
179	汤昕明	男	助理研究员	2019 至今	
180	李普旺	男	副所长（正处级）	2019 至今	
181	李玉林	男	副处长（正科级）	2020 至今	
182	周建男	男	助理研究员	2020 至今	
183	符新雨	男	会计师	2020 至今	

（续）

序号	姓名	性别	身份	来所起止时间（年）	备注
184	黄小华	女	主任（副处级）	2020 至今	
185	杨子明	男	副研究员	2020 至今	
186	宋书会	女	助理研究员	2020 至今	
187	焦静	女	研究员	2020 至今	
188	吕明哲	男	副研究员	2020—2021	热科院内调动
189	杜嵇华	女	副研究员	2020 至今	
190	李尊香	男	助理研究员	2020 至今	
191	周闯	男	助理研究员	2020 至今	
192	黄小红	女	副研究员	2020 至今	
193	刘运浩	男	助理研究员	2020 至今	
194	何祖宇	男	助理研究员	2020 至今	
195	王超	男	助理研究员	2020 至今	
196	刘信鹏	男	助理研究员	2020 至今	
197	李娅	女	研究实习员	2020 至今	
198	井敏敏	女	研究实习员	2020 至今	
199	魏茹丹	女	研究实习员	2020 至今	
200	薛忠	男	副研究员	2020 至今	
201	刘洋	男	副研究员	2020—2021	辞职
202	张彪	男	研究实习员	2020—2023	热科院内调动
203	肖伟军	男	研究实习员	2021 至今	
204	柯智	男	研究实习员	2021 至今	
205	赵胜利	男	农艺师	2021 至今	
206	张彧	男	助理研究员	2021 至今	
207	陈英敏	女	助理研究员	2021 至今	
208	熊天一	男	见习人员	2021—2021	辞职
209	陈荣豪	男	研究实习员	2021 至今	
210	梁楠松	男	助理研究员	2021—2022	辞职
211	陈卓	男	研究实习员	2021 至今	
212	顾帅磊	男	研究实习员	2021 至今	
213	李琬琪	女	研究实习员	2021 至今	
214	吴彩玉	女	见习人员	2021—2022	辞职
215	朱熙	男	助理研究员	2021 至今	
216	全振炫	男	研究实习员	2021 至今	
217	王宏轩	男	研究实习员	2022 至今	

（续）

序号	姓名	性别	身份	来所起止时间（年）	备注
218	谌惠邦	男	研究实习员	2022 至今	
219	张宇晗	女	研究实习员	2022 至今	
220	刘晓颖	女	研究实习员	2022 至今	
221	汪佳维	女	见习人员	2021—2023	热科院内调动
222	张月华	女	研究实习员	2022 至今	
223	王其华	男	助理研究员	2022 至今	
224	江汉青	男	管理五级	2022—2023	退休
225	戴小红	女	助理研究员	2022 至今	
226	姚艳丽	女	副研究员	2022 至今	
227	高玉尧	男	副研究员	2022 至今	
228	胡小文	男	助理研究员	2022 至今	
229	贺军军	男	副研究员	2022 至今	
230	王禄利	男	研究实习员	2022 至今	
231	李甜子	女	研究实习员	2022 至今	
232	王姬	女	研究实习员	2022 至今	
233	李颖	女	研究实习员	2022 至今	
234	聂珩	女	研究实习员	2023 至今	
235	王伟涛	男	见习人员	2022—2023	辞职
236	林丽珍	女	研究实习员	2023 至今	
237	符婉怡	女	初级会计师	2023 至今	
238	谢燕玲	女	研究实习员	2023 至今	
239	段惠敏	女	见习人员	2022—2023	辞职
240	刘博	男	见习人员	2022—2022	辞职
241	董丽红	女	见习人员	2022—2022	辞职
242	安东升	男	助理研究员	2022 至今	
243	严程明	男	农艺师	2022 至今	
244	赵宝山	男	研究实习员	2022 至今	
245	陈田娟	女	研究实习员	2022 至今	
246	王照	女	见习人员	2023 至今	
247	陈亮宇	男	见习人员	2023 至今	
248	谢坤良	男	见习人员	2023 至今	
249	张雪钰	女	见习人员	2023 至今	
250	李川玲	女	见习人员	2023 至今	
251	李晌	女	见习人员	2023 至今	

（续）

序号	姓名	性别	身份	来所起止时间（年）	备注
252	罗志强	男	党委副书记（正处级）、副所长	2023 至今	
253	楚小强	男	副所长（正处级）	2023 至今	

备注：工作人员名录统计起止时间为 2019 年 1 月 1 日至 2023 年 12 月 31 日。

第四节 人才培养

人才是南亚所科研事业发展的宝贵资源。南亚所在人才培养、科研队伍建设等方面的培养力度持续加大。2019—2023 年，联合培养博士后 5 人（表 7-3），在职培养博士 10 人（表 7-4），在职培养硕士 1 人（表 7-5），联合培养研究生 96 人（表 7-6），在职培养热科院“热科优青”1 人、南亚所“优青”17 人、南亚所“青年拔尖人才”2 人（表 7-7），挂职（借调、交流学习）10 人（表 7-8）。

表 7-3 联合培养博士后一览

联合培养博士后名单	联合培养单位	培养时间
王佳卉	华南农业大学	2020.1—2022.1
宋书会	华南农业大学	2020.4—2022.4
罗正明	山西农业大学	2021.10—2023.10
刘琳	山西农业大学	2021.11—2023.12
程曼	山西农业大学	2022.3 至今

表 7-4 在职培养博士一览

就读年份	在职培养博士姓名	论文题目	毕业院校	导师
2019 年至今	肖熙鸥	马铃薯种质资源的高通量精准鉴定方法建立及应用	甘肃农业大学	司怀军
2019 年至今	鹿志伟	*TaSAM9—TaPTF4* 模块调控小麦高温耐受性的机制解析	中国农业大学（中国农业科学院）	马有志
2020 年至今	侯晓婉	叶酸介导的蔗糖代谢调控拟南芥根生长发育机制研究	内蒙古大学（中国农业科学院）	张春义/牛一丁
2020 年至今	高玉尧	菠萝酸性转化酶及其抑制子家族基因鉴定与功能分析	海南大学	郭安平
2020 年至今	孙海天	待定	黑龙江八一农垦大学	张伟
2020 年至今	段雅婕	基于多组学分析龙牙蕉抗枯萎病的分子机制	海南大学	詹儒林
2021 年至今	万继峰	澳洲坚果果实重要品质性状的遗传基础及全基因组选择研究	贵州大学	赵杨

（续）

就读年份	在职培养博士姓名	论文题目	毕业院校	导师
2023 年至今	周闯	甜菜红的稳定态体系构建及其在食品保鲜领域中的应用（暂定）	华南理工大学	赵振刚
2023 年至今	郑斌	芒果成熟期调控关键 MADS 转录因子筛选及其作用机制研究	南京农业大学	房经贵
2023 年至今	杨倩	油棕果实发育过程中油脂累积的生理和分子机制	西南林业大学	刘爱忠

表 7－5　在职培养硕士一览

就读年份	在职培养硕士姓名	论文题目	毕业院校	导师
2022.9 至今	郑昊天	海南橡胶集团财务风险研究（暂定）	海南大学	樊孝凤

表 7－6　联合培养研究生一览

入学年份	姓名	论文题目	毕业院校	导师
2019 级	张晨晨	龙眼 SNP 高密度遗传图谱的构建及重要性状 QTL 定位	华中农业大学	石胜友
2019 级	吴莉君	基于全基因组重测序的芒果抗炭疽病分子标记开发初探	华中农业大学	詹儒林/柳凤
2019 级	潘晴彦	季铵盐/季鏻盐改性壳聚糖复合膜的制备及其在热带水果保鲜中的应用	华中农业大学	李普旺
2019 级	高天瑜	不同芒果品种成花差异的转录组与代谢组研究	海南大学	武红霞
2019 级	梁飞	转录组和代谢组联合分析 SPD 诱导芒果成花的作用机制	广东海洋大学	王松标
2019 级	罗舒文	龙眼荔枝属间杂交 F1 群体鉴定及果实品质性状评价	海南大学	石胜友
2019 级	董其昌	有机质浮岛种养装备的设计与试验研究	黑龙江八一农垦大学	汪春
2019 级	马国庆	基于生物质浮岛秸秆水中资源化利用技术研究	黑龙江八一农垦大学	汪春
2019 级	张皓尘	水稻稀育密插农艺研究及配套插秧机设备研制	黑龙江八一农垦大学	汪春
2019 级	阮湘梅	季鏻盐/水杨酸改性壳聚糖及其在芒果保鲜中的应用评价	福建农林大学	李普旺
2019 级	刁兴旺	芒果炭疽病抗性鉴定及基于全基因组重测序的抗病关联分析	广东海洋大学	詹儒林/柳凤

（续）

入学年份	姓名	论文题目	毕业院校	导师
2019 级	孙健哲	四个荔枝杂交优系的 DUS 测试和真假杂种鉴定	华南农业大学	李伟才
2019 级	黄文佳	壳聚糖—香茅精油复合乳对番木瓜采后综合保鲜效果研究	海南大学	杜丽清
2019 级	徐志豪	基于全基因组重测序解析芒果抗炭疽病遗传机制	海南大学	詹儒林/柳凤
2019 级	王露露	芒果抗细菌性角斑病抗病基因的克隆与功能分析	海南大学	姚全胜
2020 级	陈思宇	基于转录组测序芒果抗炭疽病抗性基因筛选及生物信息学分析	海南大学	詹儒林/柳凤
2020 级	管晨	两亲性壳聚糖/改性结冷胶/芥末精油复合膜的制备及在芒果保鲜中的应用	华中农业大学	李普旺
2020 级	刘雅奇	菠萝叶纤维/热塑性淀粉复合材料的制备与性能研究	华中农业大学	杨子明
2020 级	李明伟	菠萝 AcoWRKY6 转录因子在逆境胁迫中的作用研究	华中农业大学	张秀梅
2020 级	方静	肉桂精油复合壳聚糖乳液对芒果的采后保鲜效果	海南大学	谷会
2020 级	张媛媛	*AcAPX1* 响应抗坏血酸延缓菠萝黑心病发生的功能解析	海南大学	姚全胜
2020 级	刘静萍	芒果全基因组 SNP 标记的开发和指纹图谱的构建	海南大学	柳凤
2020 级	李星	芒果杂交后代杂种真实性鉴定与果实品质性状遗传分析	海南大学	武红霞
2020 级	陈景秀	菠萝 *ACO*、*GAD* 家族基因的鉴定、功能分析及 SNP 标记开发	海南大学	张秀梅
2020 级	黄颖华	DlMYB113 调控红皮龙眼花色苷积累的作用及分子标记开发	华中农业大学	石胜友
2020 级	胡芳丽	芒果细菌性疮痂病病原菌分离鉴定及室内药剂筛选	广东海洋大学	柳凤
2020 级	周思思	芒果抗细菌性角斑病的特异性分子标记开发	广东海洋大学	柳凤
2020 级	唐景华	粤西马铃薯适种品种筛选及栽培技术优化	广东海洋大学	金辉
2020 级	刘然	芒果果皮蜡质性状评价与抗炭疽病关联分析	西南林业大学	詹儒林
2020 级	陈金鹏	双芽段甘蔗种植机有序排种机构的设计与试验	华南农业大学	苏俊波

（续）

入学年份	姓名	论文题目	毕业院校	导师
2020级	吕丽娇	鳕鱼肽三甲基壳聚糖纳米粒抗D-Gal致衰小鼠脑损伤作用研究	广东海洋大学	杨子明
2021级	孙鑫	基于蛋白组学解析芒果抗细菌性角斑病机理	华中农业大学	詹儒林
2021级	杨林杰	负载肉桂精油Pickering乳液活性膜的构建及保鲜应用研究	华中农业大学	李普旺
2021级	陈梦雅	99份龙眼种质资源遗传多样性分析及新种质创制	华中农业大学	石胜友
2021级	汪乔英	香粉1号蕉类黄酮合成机理	华中农业大学	胡会刚
2021级	郑雪文	不同生长调节剂对妃子笑荔枝开花坐果的调控机理	广东海洋大学	李伟才
2021级	马晓慧	聚磷酸铵影响剑麻生理和磷转运蛋白基因家族鉴定	华中农业大学	周文钊
2021级	史健伟	免耕播种机排肥器优化设计与基质覆盖模式对玉米生长影响的研究	黑龙江八一农垦大学	汪春
2021级	孙鹏	菠萝移栽带状旋耕开沟装置设计与试验研究	黑龙江八一农垦大学	汪春
2021级	陈志轩	菠萝采摘装置设计与试验研究	黑龙江八一农垦大学	汪春
2021级	普跃	菠萝花芽分化与成花调控的研究	华南农业大学	林文秋
2021级	陈岚	复合壳聚糖涂膜处理对火龙果的保鲜效果及作用机制分析	海南大学	杜丽清
2021级	苏穆清	基于表型和SSR标记的芒果品种鉴定及遗传多样性分析	华南农业大学	马小卫
2021级	连文斌	芒果矮化性状资源评价体系及GWAS分析	海南大学	姚全胜
2021级	王俪洁	茉莉酸响应茶树抗轮斑病相关基因挖掘及外源添加抗病研究	华南农业大学	魏长宾
2021年	韦蒴瞳	番石榴种质资源遗传多样性分析	中国科学院大学	陈晶晶
2022级	李沅龙	芒果抗炭疽病特异性分子标记的开发	华中农业大学	詹儒林
2022级	周二帅	待定	华中农业大学	陈晶晶
2022级	王兴佳	待定	广东海洋大学	柳凤
2022级	尹顺利	待定	昆明学院	段雅婕
2022级	陈镇豪	不同砧木对仙桃荔生长和产量、品质的影响	华南农业大学	李伟才
2022级	陈李雨嘉	砂仁主要叶部病害鉴定及种质资源抗病性评价	广东海洋大学	杜丽清

（续）

入学年份	姓名	论文题目	毕业院校	导师
2022级	陈晨	可见光催化合成海洋生物碱及活性研究	广东海洋大学	杨子明
2022级	朱利飞	龙眼DNA指纹图谱构建及重要果实性状分子标记开发	广东海洋大学	石胜友
2022级	程悦	待定	华中农业大学	石胜友
2022级	陈金绘	AcCAXs蛋白在菠萝中的功能探究	华中农业大学	张秀梅
2022级	王文波	温度诱导菠萝水心病发病机制初探	海南大学	张秀梅
2022级	贾盼盼	待定	华中农业大学	吴青松
2022级	邵顺伟	基于BSA-seq的马铃薯芽眼深浅基因定位与分子标记开发	华中农业大学	金辉
2022级	闫锦源	芒果全基因组SSR标记的开发及应用	华中农业大学	武红霞
2022级	任小玉	香蕉资源类黄酮评价及类黄酮合成相关基因挖掘	广东海洋大学	胡会刚
2022级	张梦茹	基于磁性DDTC电化学传感器的构建及其在食品重金属检测的应用	华中农业大学	李普旺
2022级	刘可	茄子种质资源青枯病抗性鉴定鉴定及抗青枯病QTL定位	华南农业大学	肖熙鸥
2022级	邱江艺	自走式菠萝采收机割台设计与试验研究	华南农业大学	薛忠
2022级	董梦垚	基于改进YOLOv8模型的菠萝识别与产量预测研究	山西农业大学	薛忠
2022级	申伟华	基于改进YOLOv8的田间菠萝识别方法及其轻量化研究	山西农业大学	薛忠
2022级	刘昱呈	砂仁种质资源苗期抗旱性评价	广东海洋大学	贺军军
2023级	陈佩瑶	待定	华中农业大学	陈晶晶
2023级	何花	待定	华南农业大学	陈晶晶
2023级	陈月慧	芒果抗炭疽病评价体系的建立和应用	华南农业大学	柳凤
2023级	李耀耀	仙桃荔荔枝花穗调控技术研究	华南农业大学	李伟才
2023级	唐晓芳	菠萝种质资源评价及优异资源筛选	广东海洋大学	杜丽清

（续）

入学年份	姓名	论文题目	毕业院校	导师
2023级	方明锋	澳洲坚果蛋白增溶改性及其功能性质研究	南昌大学	杜丽清
2023级	陆敬伊	基于代谢组学贮藏期间澳洲坚果果仁品质劣变规律及其机理的研究	华南农业大学	杜丽清
2023级	张映杭	改性壳聚糖/植物精油复合膜的制备及其在热带水果保鲜中的应用	华中农业大学	杨子明
2023级	徐梁玉	待定	华中农业大学	石胜友
2023级	杨迎秋	基于高光谱成像技术的菠萝糖酸品质无损检测研究	华中农业大学	张秀梅
2023级	张妙林	AcCAX1调控菠萝水心病机制及防控技术研究	华南农业大学	张秀梅
2023级	刘梓鸿	待定	华南农业大学	吴青松
2023级	兰振东	冬作区马铃薯青枯病原的遗传多样性及致病性分析	华中农业大学	金辉
2023级	程欣媛	芒果杂交后代果实性状QTL定位及候选基因挖掘	华南农业大学	武红霞
2023级	刘章玉	香蕉杂交育种亲和性机制解析	西南大学	胡会刚
2023级	陈强	黑龙蕉DUS测试及其品质解析	华南农业大学	胡会刚
2023级	侯佳佳	负载肉桂精油/甜菜红抗菌指示剂膜的构建及其应用	华中农业大学	李普旺
2023级	陈悦超	壳聚糖接枝ε-聚赖氨酸Pickering乳液复合膜的制备及其在香蕉保鲜中的应用	华南农业大学	李普旺
2023级	贺晓岩	待定	广东药科大学	贺军军
2023级	谢薇	亚磷酸钾复配不同外源物质对芒果成花诱导的影响	华南农业大学	王松标
2023级	魏佳奇	芒果成花调控机制研究	华南农业大学	马小卫
2023级	杨扬	低共熔溶剂介导澳洲坚果青皮多酚改性壳聚糖保鲜膜的制备和应用	华南农业大学	帅希祥
2023级	叶良	有机肥部分替代化肥氮与丛枝菌根真菌配施对菠萝生长的效应	华南农业大学	马海洋
2023级	任梦寒	澳洲坚果果实品质评价体系构建及调控果实大小候选基因的筛选	华南农业大学	曾辉
2023级	谭雅涵	减压处理对控制采后菠萝黑心病及品质的影响	华南农业大学	洪克前

（续）

入学年份	姓名	论文题目	毕业院校	导师
2023级	张凤花	澳洲坚果油脂多样性分析	华南农业大学	宋喜梅
2023级	邓天洁	荔枝雄性不育材料MS1的鉴定	华南农业大学	王弋
2023级	蓝颖	龙眼褐变鉴定体系的建立及耐褐变种质资源的筛选	华南农业大学	周建男
2023级	夏誉嘉	魏斯氏菌BK1防治真菌病害的潜力发掘	华南农业大学	王其华

表7-7　在职培养其他各类人才一览

年份	姓名	人才类别
2022—2027年	陈晶晶	热科院“热科优青”
2018—2020年	魏永攒	南亚所二级“优青”
2018—2020年	张红娜	南亚所三级“优青”
2018—2020年	决登伟	南亚所三级“优青”
2018—2020年	柳凤	南亚所三级“优青”
2019—2023年	赵秋芳	南亚所三级“优青”
2018—2022年	肖熙鸥	南亚所三级“优青”
2018—2022年	杨子平	南亚所三级“优青”
2019—2023年	胡会刚	南亚所一级“优青”
2019—2023年	陈晶晶	南亚所二级“优青”
2020—2022年	李丽	南亚所二级“优青”
2020—2024年	柳凤	南亚所二级“优青”
2020—2024年	林文秋	南亚所三级“优青”
2020—2023年	王超	南亚所三级“优青”
2020—2023年	周闯	南亚所三级“优青”
2023—2027年	王超	南亚所B类“青年拔尖人才”
2023—2027年	周闯	南亚所C类“青年拔尖人才”
2021—2025年	何祖宇	南亚所三级“优青”
2021—2025年	涂行浩	南亚所三级“优青”
2021—2025年	吴婧波	南亚所三级“优青”

备注：人才培养统计起止时间为2019年7月1日至2023年12月31日。

表 7-8　挂职（借调、交流学习）人员一览

挂职（借调、交流学习）时间	姓名	挂职（借调、交流学习）单位（部门/职务）	备注
2019 年 1 月—2020 年 6 月	梁清志	攀枝花市仁和区副区长	挂职
2019 年 4 月—2020 年 5 月	陈曙	中国农垦经济发展中心（农业农村部南亚热带作物中心）质量安全处	借调
2019 年 6 月—2020 年 6 月	张广明	湛江市科学技术局	交流学习
2020 年 1 月—2020 年 5 月	李玉林	农业农村部发展规划司现代农业示范指导处	借调
2020 年 4 月—2020 年 10 月	杨倩	广州国家现代农业产业科技创新中心	借调
2021 年 4 月—2022 年 3 月	唐远红	湛江市科学技术局	交流学习
2021 年 9 月—2022 年 9 月	谌惠邦	湛江市科学技术局	交流学习
2023 年 10 月—2024 年 4 月	黄炳钰	农业农村部办公厅综合处	借调
2023 年 11 月—2024 年 4 月	李威	海南省科学技术厅	交流学习
2023 年 11 月至今	刘信鹏	农业农村部国际合作司	借调

另外，为加强科技交流与合作，整合集成科研、教学资源和人才优势，南亚所向高校招收实习生，为实习生提供种质资源收集保存鉴定、遗传育种、作物栽培、采后储运与保鲜、休闲农业、循环农业、旱作节水技术等方面的实习岗位，给予实习生科研能力、团队合作等多方面的指导培训。2019 年 7 月 1 日至 2023 年 12 月 31 日，南亚所已招收培养华南农业大学、云南农业大学、广东海洋大学等高校共计 498 名实习生。

第五节　人才荣誉

2019—2023 年，南亚所享受国务院政府特殊津贴专家有 12 人次，农业农村部有突出贡献中青年专家 4 人，其他省部级人才及获得各类先进个人称号 18 人次，获得市级各类人才称号 101 人次，获得院级各类人才称号 32 人次。

南亚所获得的各类人才荣誉见表 7-9、表 7-10。

表 7-9　2019—2023 年获得的各类高层次荣誉称号

姓名	荣誉	获得年度
徐明岗	第二届全国创新争先奖	2020 年
李普旺	海南省“四方之才”汇聚计划领军人才	2020 年
张秀梅	海南省“515 人才工程”第三层次人才	2020 年
肖熙鸥	海南省拔尖人才	2020 年

表 7-10　2019—2023 年获得的湛江市荣誉称号

序号	姓名	荣誉称号	类别
1	徐明岗	湛江市高层次人才认定	A 类

（续）

序号	姓名	荣誉称号	类别
2	李伟才	湛江市高层次人才认定	A类
3	石胜友	湛江市高层次人才认定	A类
4	张秀梅	湛江市高层次人才认定	A类
5	周文钊	湛江市高层次人才认定	A类
6	杜丽清	湛江市高层次人才认定	B类
7	柳凤	湛江市高层次人才认定	B类
8	胡会刚	湛江市高层次人才认定	B类
9	杨子平	湛江市高层次人才认定	B类
10	陈晶晶	湛江市高层次人才认定	B类
11	周建男	湛江市高层次人才认定	B类
12	李伟明	湛江市高层次人才认定	B类
13	李海亮	湛江市高层次人才认定	B类
14	张燕梅	湛江市高层次人才认定	B类
15	李普旺	湛江市高层次人才认定	B类
16	武红霞	湛江市高层次人才认定	B类
17	王松标	湛江市高层次人才认定	B类
18	吴青松	湛江市高层次人才认定	B类
19	涂行浩	湛江市高层次人才认定	B类
20	马海洋	湛江市高层次人才认定	B类
21	马小卫	湛江市高层次人才认定	B类
22	王弋	湛江市高层次人才认定	B类
23	魏长宾	湛江市高层次人才认定	B类
24	曾辉	湛江市高层次人才认定	B类
25	孙伟生	湛江市高层次人才认定	B类
26	洪克前	湛江市高层次人才认定	B类
27	李海亮	湛江市高层次人才认定	B类
28	王其华	湛江市高层次人才认定	B类
29	朱熙	湛江市高层次人才认定	B类
30	张彧	湛江市高层次人才认定	B类
31	鹿志伟	湛江市高层次人才认定	B类
32	陈菁	湛江市高层次人才认定	B类
33	帅希祥	湛江市高层次人才认定	B类
34	苏俊波	湛江市高层次人才认定	B类
35	杨倩	湛江市高层次人才认定	C类

（续）

序号	姓名	荣誉称号	类别
36	李玉林	湛江市高层次人才认定	C类
37	范辉建	湛江市高层次人才认定	C类
38	段雅婕	湛江市高层次人才认定	C类
39	董晨	湛江市高层次人才认定	C类
40	李威	湛江市高层次人才认定	C类
41	李丽	湛江市高层次人才认定	C类
42	陈佳瑛	湛江市高层次人才认定	C类
43	井敏敏	湛江市高层次人才认定	C类
44	唐远红	湛江市高层次人才认定	C类
45	邓旭	湛江市高层次人才认定	C类
46	胡玉林	湛江市高层次人才认定	C类
47	左雪冬	湛江市高层次人才认定	C类
48	刘亚男	湛江市高层次人才认定	C类
49	谷会	湛江市高层次人才认定	C类
50	欧雄常	湛江市高层次人才认定	C类
51	武丽琼	湛江市高层次人才认定	C类
52	刘丽琴	湛江市高层次人才认定	C类
53	刘思汝	湛江市高层次人才认定	C类
54	孙海天	湛江市高层次人才认定	C类
55	陈曙	湛江市高层次人才认定	C类
56	万继锋	湛江市高层次人才认定	C类
57	李相林	湛江市高层次人才认定	C类
58	宋喜梅	湛江市高层次人才认定	C类
59	王宏轩	湛江市高层次人才认定	C类
60	林文秋	湛江市高层次人才认定	C类
61	王禄利	湛江市高层次人才认定	C类
62	陈田娟	湛江市高层次人才认定	C类
63	侯晓婉	湛江市高层次人才认定	C类
64	吴婧波	湛江市高层次人才认定	C类
65	李颖	湛江市高层次人才认定	C类
66	魏茹丹	湛江市高层次人才认定	C类
67	何祖宇	湛江市高层次人才认定	C类
68	高玉尧	湛江市高层次人才认定	C类
69	许文天	湛江市高层次人才认定	C类

（续）

序号	姓名	荣誉称号	类别
70	张宇晗	湛江市高层次人才认定	C类
71	王姬	湛江市高层次人才认定	C类
72	李琬琪	湛江市高层次人才认定	C类
73	李娅	湛江市高层次人才认定	C类
74	王超	湛江市高层次人才认定	C类
75	顾帅磊	湛江市高层次人才认定	C类
76	黄小华	湛江市高层次人才认定	C类
77	李俊峰	湛江市高层次人才认定	C类
78	陈海芳	湛江市高层次人才认定	C类
79	陈荣豪	湛江市高层次人才认定	C类
80	谌惠邦	湛江市高层次人才认定	C类
81	马智玲	湛江市高层次人才认定	C类
82	赵秋芳	湛江市高层次人才认定	C类
83	柯智	湛江市高层次人才认定	C类
84	贺军军	湛江市高层次人才认定	C类
85	赵宝山	湛江市高层次人才认定	C类
86	陈丽	湛江市高层次人才认定	C类
87	张明	湛江市高层次人才认定	C类
88	谢燕玲	湛江市高层次人才认定	C类
89	聂珩	湛江市高层次人才认定	C类
90	黄小红	湛江市高层次人才认定	C类
91	陈世海	湛江市高层次人才认定	C类
92	周闯	湛江市高层次人才认定	C类
93	张广明	湛江市高层次人才认定	C类
94	彭欣婷	湛江市高层次人才认定	C类
95	袁晓丽	湛江市高层次人才认定	C类
96	陈妹	湛江市高层次人才认定	C类
97	邢姗姗	湛江市高层次人才认定	C类
98	黄炳钰	湛江市高层次人才认定	C类
99	汤昕明	湛江市高层次人才认定	C类
100	陆新华	湛江市高层次人才认定	C类
101	王照	湛江市高层次人才认定	C类

第八章 合作与交流

第一节 国内合作与交流

一、举办学术交流活动

2019—2023 年，南亚所积极开展各类学术活动，共组织举办 60 场学术交流活动（表 8－1），邀请 206 名专家学者作学术报告，在一定程度上提高了南亚所在国内相关领域的知名度和影响力，有效促进了与所外专家的沟通交流，活跃了学术氛围。

表 8－1 南亚所 2019—2023 年学术交流活动一览

年份	学术交流活动（场）	邀请专家作学术报告（人次）
2019	18	71
2020	11	16
2021	8	29
2022	8	29
2023	15	61
合计	60	206

1. 中国热带作物学会园艺专业委员会 2019 年学术研讨会

2019 年 12 月 9—12 日，中国热带作物学会园艺专业委员会 2019 年学术研讨会在湛江南亚所顺利召开，第十二届全国政协常委、副秘书长、民革中央专职副主席何丕洁，中国老教授协会常务副会长、中国农业大学原校长江树人，中国工程院院士、华中农业大学教授傅廷栋，中国工程院院士、中国林业科学研究院教授张守攻，中国农业科技下乡专家团常务副团长陶元兴，中国热带作物学会副秘书长杨礼富，中国热带作物学会园艺专业委员会主任委员、中国热带农业科学院副院长谢江辉等领导和嘉宾出席会议。全国各地从事园艺科学研究、教学、生产和管理的近 200 名专家学者齐聚湛江，围绕"相约南亚热作，筑梦高效园艺"主题共话园艺传承，共促科技创新。

此次会议，是一个相互交流、共同探讨的大会，又是一个找准问题、展望未来、共谋合作的好机会，进一步促进了我国园艺科技工作者的广泛交流与深入合作，推动热带农业科技创新和各项事业发展，促进园艺产业转型升级和高质量发展。

2. 中国热带作物学会园艺专业委员会第六次会员代表大会暨 2021 年学术研讨会

2021 年 12 月 2—4 日，中国热带作物学会园艺专业委员会第六次会员代表大会暨 2021 年学术研讨会在广东省湛江市顺利召开。中国热带作物学会园艺专业委员会第五届主任委员、中国热带农业科学院副院长谢江辉，南亚所所长杜丽清以及园艺专业委员会会员单位中从事热带园艺领域研究、教学、生产和管理的专家和学者共 47 人出席现场会议，另有部分人员通过视频在线参会。

该会议的成功举办，进一步加强了园艺专业委员会的建设，强化园艺专业委员会的职能和影响力，促进我国热带园艺领域科技人员之间的交流和合作，加快我国芒果、荔枝、龙眼等热带水果、蔬菜、花卉等园艺作物产业化快速高质量发展，为实现乡村振兴贡献力量。

3. 广东省园艺学会联合中国热带作物学会园艺专业委员会 2022 年学术研讨会

2022 年 6 月 10—11 日在广东省湛江市召开广东省园艺学会联合中国热带作物学会园艺专业委员会 2022 年学术研讨会，该会议由南亚所承办，主题为“热带园艺作物种业高质量发展”，会议共邀请了 15 位果树领域知名专家作学术报告，并通过实地观摩考察的形式开展研讨交流。全国从事荔枝、龙眼、菠萝、芒果及香蕉研究的科研院校单位代表共 40 余人出席会议，另有部分人员通过视频在线参会。

该会议的成功举办，较好地彰显了广东省园艺学会和中国热带作物学会园艺专业委员会在我国热带果树行业领域的知名度并提升影响力。同时，各位知名专家共同分享前沿学术成果，结合各单位的实地经验交流，有利于更深入地了解我国热带果树种业研究现状，为推动热带果树种业创新工作提供一定的助益，为实现我国热带果树种业自立自强提供新的思路。

4. 第二届“高校—院所—台站”青年科技工作者学术研讨会

2022 年 7 月 6 日，中国热带作物学会园艺专业委员会挂靠单位南亚所在湛江举办了第二届“高校—院所—台站”青年科技工作者学术研讨会。会议由南亚所副所长李普旺和中山大学农学院党委书记程月华分别主持。南亚所所长杜丽清、中山大学农学院党委书记程月华、中国农业科学院衡阳红壤实验站（以下简称“祁阳站”）站长张会民以及 30 余名青年科技人员通过线上和线下结合的方式参加了本次会议。

该会议的举办，是落实中央一号文件的重要举措，是推动我国高校、研究所和野外台站之间合作交流的进一步尝试，积极地推动了农业领域广大青年科技工作者开展学术交流和学科交叉融合创新，为青年科技人员搭建一个面对面交流和探讨的平台。同时，该会议的召开进一步加深中山大学农学院、祁阳站和南亚所之间的合作，充分发挥高校的基础科研优势、研究所的种质资源和土地优势以及野外观测台站的长期定位优势，相互取长补短，实现共赢共享，为加快实现我国耕地土壤质量提升和种业自立自强等关键核心技术的突破贡献力量。

5. 热带果树产业发展研讨会暨广东省园艺学会 2023 年度果树学术研讨会

该会议于 2023 年 6 月 9—12 日在广东省湛江市召开，会议由农业农村部热带果树生物学重点实验室、中国热带作物学会园艺专业委员会、海南省热带作物营养重点实验室、海南省热带园艺产品采后生理与保鲜重点实验室、湛江市热带作物遗传改良重点实验室承办。会议主题为“加强原始创新，助力热带果树产业健康发展”，会议邀请了 10 位果树领域知名专家作学术报告，并通过实地观摩考察和分组研讨的形式开展交流。全国从事热带果树研究的 20 多家科研院校单位代表共 100 余人出席会议。

该会议的召开，为我国热带果树和温带果树研究搭建了一个交流和探讨的平台，让大家分享彼此的学术前沿成果、相互借鉴、共同提高，为热带果树产业高质量发展建言献策，共同推动我国热带果树产业健康发展。

二、2019—2023 年科技合作的主要单位及内容

2019 年以来，南亚所加强与国内大专院校、科研机构和地方政府之间的合作与交流，并取得了很大成绩。目前，已与华南农业大学、海南大学、云南农业大学、广东海洋大学、四川大学、南昌大学、广东省农业科学院、广西农业科学院、广东省农垦集团公司、广西农垦等大学、科研机构和生产单位建立了良好的合作关系，并与有关单位签署了合作建立园艺学博士后流动站、人才合作培养基地协议、科技合作框架协议和科技项目合作协议等。2019 年以来南亚所科技合作的主要单位及内容见表 8 - 2。

表 8 - 2　科技合作的主要单位及内容一览

合作单位	合作内容
华南农业大学	2019 年，合作成果“不同熟期优质荔枝系列新品种选育和高接换种技术创新及应用”通过中国农学会组织的成果评价。合作申报国家重点研发计划“主要经济作物优质高产与产业提质增效科技创新——常绿果树高效育种技术与品种创制”。 2019 年 7 月 4 日起，开展博士后工作站合作；2019 年 3 月至 2024 年 2 月，开展农科教合作；2022 年 11 月至 2025 年 10 月，开展菠萝基因组合作研究；2023 年 11 月至 2027 年 12 月，共同实施国家重点研发计划“主要热带果树品质提升和绿色高效生产关键技术研究与示范”。
海南大学	2019 年联合申报海南省果蔬采后保鲜产业联盟；2023 年 11 月至 2027 年 12 月，共同实施国家重点研发计划“主要热带果树品质提升和绿色高效生产关键技术研究与示范”。
云南农业大学热带作物学院	2019 年 4 月 23 日起，南亚所作为云南农业大学热带作物学院农业类专业师生教学科研基地，双挂牌。 2019 年至 2023 年，签订云南省春砂仁资源调查与收集合作协议。 2021 年 6 月至 2024 年 5 月，合作建设专家工作站。
广东海洋大学	2021—2026 年，南亚所作为广东海洋大学校外实践教学基地；2022 年 11 月至 2025 年 11 月，合作培训高素质农民及基层农技人员。

（续）

合作单位	合作内容
四川农业大学	2023 年 12 月至 2027 年 12 月，凤梨新品种选育与示范推广合作。
南昌大学	2021 年 8 月至 2022 年 12 月，澳洲坚果全组分乳饲料研发合作。
中国热带农业科学院橡胶研究所	在新技术示范推广、新品种选育等方面，联合研发与推广（长期）。
中国热带农业科学院热带作物品种资源研究所	2023 年 11 月至 2027 年 12 月，共同实施国家重点研发计划“主要热带果树品质提升和绿色高效生产关键技术研究与示范”。
中国热带农业科学院农产品加工研究所	2018 年 11 月 13 日至 2020 年 12 月 31 日委托南亚所种植橡胶树。
中国农业科学院农业环境与可持续发展研究所	2020 年 8—12 月，合作开展不同水稻材料镉离子流速的差异研究。
中国热带农业科学院热带生物技术研究所	2020 年 12 月至 2021 年 8 月，合作研究甘蔗遗传转化技术。
中国科学院昆明植物研究所	2023 年 5 月起，开展“芒果优质新品种选育、低产果园改造与果园生草复合种植示范”课题合作。
广东省农业科学院果树研究所	2023 年 11 月至 2027 年 12 月，共同实施国家重点研发计划“主要热带果树品质提升和绿色高效生产关键技术研究与示范”。
福建省农业科学院亚热带农业研究所	2023 年 4 月起，开展“香蕉品种资源交流与创新种质示范栽培技术研究”项目合作。
四川省攀枝花市人民政府	2019 年 6 月 27 日起，合作共建农业气象试验站。
广东省阳春市人民政府	2021 年 12 月至 2026 年 11 月，开展夏威夷果产业发展合作。
广东省阳春市科学技术局	2029 年 8 月起，南亚所为阳春市澳洲坚果新品种、新技术研究示范推广提供技术服务和培训。
贵州省遵义市平正仡佬族乡人民政府	2020 年 11 月至 2023 年 10 月，共建秸秆及畜禽粪污资源化利用科技示范基地。
广东省雷州市乌石镇人民政府	2021 年 12 月至 2024 年 11 月，开展芒果产业科技服务合作。
广东省吴川市黄坡镇人民政府	2023 年 7 月至 2026 年 6 月，共建乡村振兴科技服务中心。
云南省新平彝族傣族自治县农业农村局	2021 年 12 月至 2024 年 11 月，开展芒果产业科技合作。
广西柳州市融水苗族自治县人民政府、广西宝利丰农业有限公司	2022 年 9 月起，开展中药材产业合作研究规划。
广西百色芒果研究院	2020 年 1 月起，开展芒果新品种区域性试验合作。
四川省攀枝花市气象局	2019 年 6 月起，双方共建科研基地，开展人员互派交流、科研课题合作。
云南省临沧市林业科学院	2021—2026 年，开展澳洲坚果新品种选育与应用推广、澳洲坚果标准化示范基地建设、澳洲坚果精深加工与副产物综合利用等方面合作。
广西南亚热带农业科学研究所	2022 年 12 月至 2028 年 11 月，围绕澳洲坚果、火龙果、香蕉等作物开展科技合作；2023 年 8 月至 2033 年 7 月，开展甘蔗育种合作。
广西壮族自治区亚热带作物研究所	2022 年 9 月至 2025 年 8 月，开展剑麻品种区域性合作试验。

（续）

合作单位	合作内容
广东省湛江农垦科学研究所	2022年11月至2025年11月，开展剑麻品种区域性合作试验。
湛江中医学校	2023年6月至2025年5月，开展康养项目合作，开展中草药栽培、采收技能培训。
四川省凉山彝族自治州林业草原科学研究院	2023年3月起，联合申报科研项目，建设科研平台，培养人才，申报成果，开展科技成果转化推广等合作。
广东省农垦集团公司（农垦总局）	开展橡胶树新品种新技术示范推广、科技培训与科技服务等合作（长期）。
广东澳盛农业科技发展有限公司	2019年9月至2034年12月，开展澳洲坚果新品种选育合作研究。
广东省阳春市天益坚果种植有限公司	2016年3月1日至2025年3月1日，签订澳洲坚果生产合作协议。
广东省台山市龙飞园林有限公司	2017年4月1日起，开展省级现代农业（特色农产品精深加工）科技成果转化中心基地（孵化器）建设合作。
广东润阳新能源科技有限公司	2017—2021年，开展科技合作。
老挝昆仑明珠农业开发公司	2017年5月11日起，合作共建老挝热带果树示范基地。
广东骏旭投资有限公司	2017年8月1日至2022年7月31日，签订澳洲坚果技术合作协议。
广东壹方草木农业高新科技有限公司	2018年9月1日至2023年8月31日，签订澳洲坚果技术服务协议。
云南省临沧市坚果协会	2019年2月22日至2034年12月31日，签订澳洲坚果新品种选育研究合作协议。
河北省衡水市品杰农业科技饶阳股份有限公司	2019年10月至2024年10月，开展生产技术研究与示范合作。
攀枝花市锐华农业开发有限责任公司	2019年1月至2025年12月，开展芒果新品种选育和开发合作。
广西岑溪市金哥水果专业合作社	2011年3月1日至2021年3月1日，签订建立澳洲坚果育苗示范苗圃合作协议。
广西灵山县灵城镇国园农机销售中心	2011年10月1日至2021年12月31日，签订建立澳洲坚果育苗示范苗圃合作协议。
佛冈县澳丰农业发展有限公司	2014年12月18日至2029年12月31日，签订建立澳洲坚果品种比较试验基地的协议。
丽江华坪县绿尚农业开发有限公司	2021年1月至2025年12月，签订芒果新品种区域性试验合作协议。
广西洋浦南华甘蔗研究院	2021年1月至2025年12月，开展甘蔗联合育种。
四川省二十六度农业开发有限公司	2020年4月至2023年4月，签订芒果产学研合作协议。

第二节　国际合作与交流

一、国际合作工作概述

2019—2023年，南亚所积极开展国际合作与交流，加大了国际科技合作力度，加强了对其他国家的技术援助，国际合作单位逐年增加，合作人才队伍也逐渐增强。主要内容包括科研项目合作研究、学术交流和学术访问等方面。在“走出去”方面，共计 17 人次分别赴斯洛文尼亚、荷兰、印度尼西亚、老挝、斯里兰卡、意大利、几内亚等国家进行考察、执行科研任务和参加国际会议等。在“请进来”方面，斯里兰卡、墨西哥、瑞典、肯尼亚、坦桑尼亚等国外大学、科研机构、政府机构的专家和官员共计 50 人次来所作报告、访问和交流。获得国际合作项目立项 4 项，到账经费 56 万元。与老挝农业与林业部种植司、阳光嘉润（老挝）农业发展有限公司、马来西亚 LCDA-MSB Pineapple Sdn. Bhd. 公司、联合国粮食及农业组织签署了合作协议。通过国际交流与合作，南亚所加深了与国外相关单位之间的了解，拓宽了对外交流合作的渠道和领域，搭建了新的合作平台。这些国际交流与合作在提高南亚所的科研水平、扩大南亚所的对外影响、增加合作项目方面起到了极大的促进作用，也为南亚所的未来发展奠定了良好的基础。

二、国际合作项目简介

1. 山地野生蕉、澳洲坚果种质资源调查及其生态适应性合作研究，热科院基本科研业务费专项项目。

经费：20 万元。

资助年限：2019 年 1—12 月。

项目主持人：万继锋。

项目简介：系统收集山地野生香蕉资源并进行迁地保存；利用形态学分类法和分子分类法，对各份山地野生香蕉资源进行种属分类鉴定，揭示其与已知种质的分子系统发育关系；选取潜在农艺性状优良的野生蕉种质作为父本，与栽培种进行杂交试验，判断其对栽培种是否具有改良潜力并评估潜力大小；调查不同山地不同澳洲坚果品种的生物学特性，评价其抗性、产量与品质，从中筛选出适宜山地气候环境种植的澳洲坚果优良品种；研究澳洲坚果丰产树形培养、水肥管理等技术以及主要病虫害发生规律与防治措施，总结出适宜山地气候环境的配套栽培技术；加强与国际热带农业中心（CIAT）、澳大利亚、越南等国外相关研究机构和人员的交流合作，建立长期有效的互访机制。

2. 绿色多功能涂膜保鲜剂创制技术（澳大利亚）国际合作研究，热科院基本科研业务费专项项目。

经费：10 万元。

资助年限：2022 年 1—12 月。

项目主持人：杨子明。

项目简介：海南热带特色水果资源丰富，是我国重要的“南方水果”生产基地和外销出口基地，构成了当地的支柱性产业。然而采后易腐烂变质是热带水果生产和流通过程中必须面临的巨大挑战。项目以天然高分子材料、植物精油、无机增强材料、防虫抗病剂等为原材料，采用微纳囊化技术和有机高分子成膜阻隔技术，创制具有防虫抑菌多功能涂膜保鲜材料，并通过抗菌、气调、涂膜隔离和长效缓释等功能的协同作用实现安全高效的保鲜效果。项目从澳大利亚迪肯大学孔令学教授引进聚能式超时乳化分散技术制备抗菌植物精油微纳胶囊，突破具有生物相容性好、成膜机械强度高、兼具抗菌气调功能的绿色多功能涂膜保鲜剂创制关键技术，实现海南热带特色水果安全、高效、持久的保鲜效果。

3. 中国和老挝热带作物种质资源联合调查、收集及共享，热科院基本科研业务费专项项目。

经费：10 万元。

资助年限：2023 年 1—12 月。

项目主持人：李栋梁。

项目简介：中国热区小，热带作物种质资源有限，世界热区大，生物多样性程度高，农业生物资源丰富。我国与热带国家在农业产业领域具有明显的互补性和广阔的合作空间。老挝是"一带一路"共建国家，有着丰富的热带作物资源，但是农业发展落后，热带作物资源情况不清楚。项目通过与老挝农业与林业部种植司进行合作，赴老挝阿速坡省等周边地区进行资源联合调查，探明热带作物种质资源地理分布和富集程度，收集、引进种质资源，并进行初步筛选，与老挝建立良好的合作关系，为资源共享及后续的开发利用打下良好基础。

4. 斯里兰卡水果价值链提升中国考察团项目，联合国粮食及农业组织驻华代表处项目。

经费：16 万元。

资助年限：2023 年 11—12 月。

项目主持人：孙德权。

项目简介：加强南亚所与斯里兰卡在热带水果品种、技术、资源、信息等方面的共享与交流，共同促进中国与斯里兰卡的发展，推动中国热带水果相关技术走向国际，服务国家"一带一路"倡议。

三、签署国际合作协议

2023 年 3 月 31 日，南亚所和老挝农业与林业部种植司、阳光嘉润（老挝）农业发展有限公司在老挝万象签署《农业技术 MoU（国际合作谅解备忘录）协议》。

2023 年 4 月 29 日，南亚所与马来西亚 LCDA-MSB Pineapple Sdn. Bhd. 公司签订《菠萝机械化种植机在马来西亚的技术转移示范》项目合作协议。

2023 年 11 月 23 日，南亚所与联合国粮食及农业组织签订合作协议书。在南南合作（SSC）的技术援助下，斯里兰卡热带果业产值得到显著提升，推动中斯热带果业可持续发展，共建全球水果价值链。

四、出国访问与合作、参加国际会议的部分专家学者

南亚所历年出国访问与执行科研任务、参加国际会议共计 17 人次，详见表 8-3。

表 8-3 出国访问与执行科研任务、参加国际会议的部分专家学者一览

序号	时间	国家或地区	参加人员	内容
1	2019 年 6 月 10—21 日	斯洛文尼亚、荷兰	徐明岗	赴斯洛文尼亚和荷兰执行重点国际合作研究项目“长期不同施肥下中美英典型农田土壤固碳过程的差异与机制”任务
2	2019 年 11 月 20—29 日	印度尼西亚	李端奇、刘恒、孙德权、王松标、梁清志、桑雪莲	赴印度尼西亚执行热带果树种质资源联合调查任务
3	2022 年 12 月 2—30 日	老挝	邓旭、李国平	赴老挝执行示范基地建设勘察和种植技术指导任务
4	2023 年 2 月 27 日至 2024 年 1 月 23 日	斯里兰卡	孙德权	赴斯里兰卡执行中国—FAO—斯里兰卡南南合作项目
5	2023 年 7 月 7—11 日	意大利	杜丽清	赴意大利执行对外交流合作任务
6	2023 年 9 月 17—23 日	老挝	杜丽清、李普旺、陈晶晶、邓旭	赴老挝执行种质资源调查及合作基地调研任务
7	2023 年 11 月 15 日至 2024 年 2 月 13 日	斯里兰卡	吴青松	赴斯里兰卡执行中国—FAO—斯里兰卡南南合作项目
8	2023 年 11 月 24 日至 12 月 6 日	几内亚	金辉	赴几内亚执行农业技术及发展规划海外研修班任务

五、外国国家或地区领导人和专家来访情况

2019—2023 年，外国领导人和有关专家来南亚所访问约 50 人次，具体如下：

2019 年 5 月 24—25 日，瑞典厄勒布鲁大学科学技术学院钱敏杰博士、Luis Morales 博士和 Ake Strid 教授一行 3 人受邀到南亚所开展学术交流。

2019 年 9 月 23 日，由商务部主办、热科院承办的 2019 年非洲法语国家木薯产业发展高级研修班，来自贝宁、尼日利亚、布基纳法索等 7 个国家的学员到南亚所交流学习，并参观了南亚所休闲农业研究室澳洲坚果果品加工中试基地。

2023 年 6 月 6 日，老挝农业与林业部种植司副司长万添·彭玛苏林、四川阳光嘉润现代农业发展有限公司董事长杨桦一行 6 人在南亚所开展座谈交流。

2023 年 11 月 2 日，国际天然纤维组织秘书长 Tambyrajah Randolph Dilipkumar、肯尼亚农业和粮食管理局代表、坦桑尼亚剑麻委员会代表和中国农业科学院麻类研究所专家等一行 11 人到南亚所剑麻科研基地开展调研，并就南亚所与国际天然纤维组织剑麻生产技术合作事宜进行了深入交流。

2023 年 12 月 5—7 日，斯里兰卡国家采后管理研究所副所长 Wasala Mudiyanselage 等一行 5 人到南亚所就水果研究、生产技术以及科技合作等方面开展调研。

六、援外培训情况

2023年8月8日至9月1日，由商务部主办、热科院承办、南亚所实施的“发展中国家热带水果生产与加工技术培训班”在湛江市开班，并在商务部以及海南省商务厅等部门的指导下圆满结束。来自柬埔寨、古巴、多米尼克、毛里求斯、巴基斯坦、特立尼达和多巴哥、斯里兰卡和乌干达共8个国家34名从事农业相关的技术、管理人员参加本次培训。此次培训展示了我国热带水果的生产和加工技术，使学员对我国热带农业现状和热带作物的种植技术有了更深的了解。

第九章 党建和精神文明建设

第一节 党建工作

南亚所党委在农业农村部党组、热科院党组及湛江市直属机关工作委员会（以下简称“市直机关工委”）的领导下，团结带领全体党员，着力提升政治核心作用，发挥基层党组织的战斗堡垒作用和党员的先锋模范作用，推进全面从严治党，提升工作水平，坚持强化“以高质量党建引领高质量发展”的理念，坚持统筹谋划把方向、凝心聚力管大局、攻坚克难保落实，为落实农业农村部重大决策部署和热科院工作目标，为实施乡村全面振兴战略、促进南亚热带农业科技创新事业高质量发展提供强大的思想和组织保障。截至2023年12月，南亚所有基层党组织9个，其中党委1个、党支部8个。党支部有7个在职党支部、1个离退休党支部。党委下设办公室，与所办公室合署办公，为所党委的专门办事机构。

一、南亚所党委会

2022年3月，根据《中国热带农业科学院关于调整湛江院区“三所一站”管理体制的通知》精神，湛江站独立运行，按照热科院机关党委和湛江市直机关工委批复，湛江站重新成立党总支，隶属湛江市直机关工委管理。湛江站党员从南亚所党委转入湛江站党总支。

2022年12月，经热科院党组、湛江市直机关工委批复同意，南亚所党委召开了换届选举大会。大会选举产生了新一届党委会（第九届）和纪委会（第三届），杜丽清同志当选党委书记，陈佳瑛同志当选党委副书记、纪委书记。新一届党委会委员为杜丽清、陈佳瑛、李普旺、江汉青、邢姗姗、胡会刚、陈晶晶；新一届纪委会委员为陈佳瑛、陈世海、欧雄常、宋喜梅、魏长宾。南亚所历届党委班子组成见表9-1。

表 9-1 南亚所历届党委班子组成情况

时间	届数	人数	书记	委员
1980.10	第一届	7	谭坤 黄华佑（副）	陈作泉、郑立生、李昌、戴济、余锦贤。
1985.9	第二届	5	戴济	李昌、陈作泉、余让水、余锦贤。
1991.9	第三届	5	李昌	莫善文、程儒雄、黄祖传、邓次珍。
1996.3	第四届	5	程儒雄（副）	肖邦森、张新民、曾文可、邱志浩。
2001.3	第五届	5	陈永辉	罗萍、曾文可、雷新涛、邱志浩。
2006.6	第六届	5	窦美安（副）	罗萍、谢江辉、曾文可、臧小平。
2010.6	第七届	5	孙好勤 谢江辉（副）	詹儒林、石伟琦、曾文可。
2016.4	第八届	9	秦福增	杜丽清、詹儒林、李端奇、陈佳瑛、曾文可、邢姗姗、曾辉、石伟琦。
2022.12	第九届	7	杜丽清	陈佳瑛（2022.12—2023.9，副书记）、罗志强（2023.9至今，副书记）、李普旺（2022.12—2024.2）、江汉清、邢姗姗、胡会刚、陈晶晶

二、支部换届

2020 年 10 月，各支部进行了换届。根据《中共中国热带农业科学院南亚热带作物研究所委员会关于印发〈党支部调整及支委会换届工作方案〉和〈党支部委员会换届选举办法〉的通知》，对党支部进行了调整，将原机关一党支部和机关二党支部调整为机关党支部和产业发展党支部，共设 9 个党支部：科研第一党支部书记为曾辉，委员为胡玉林、王弋；科研第二党支部书记为陈晶晶，委员为郑斌、井敏敏；科研第三党支部书记为姚全胜，委员为李俊峰、吴婧波；科研第四党支部书记为杨子明，委员为李海亮、周闯；科研第五党支部书记为刘洋，委员为严程明、涂行浩；机关党支部书记为邢姗姗，委员为宋喜梅、马德勇；产业发展党支部书记为欧雄常，委员为欧阳红军、魏长宾；离退休第一党支部书记为曾文可，委员为冯淼莹、李土荣；离退休第二党支部书记为陈影霞，委员为邱桂妹、梁东华。

2023 年 10 月完成了党支部换届选举工作，形成了现有 5 个科研党支部、1 个机关党支部、1 个产业发展党支部、1 个离退休党支部，共有党员 130 名（其中在职党员 107 名，离退休党员 23 名）的党委工作新局面。根据《中共中国热带农业科学院南亚热带作物研究所委员会关于公布党支部委员会换届选举结果的通知》（南亚所党委发〔2023〕24 号）文件，科研第一党支部书记宋喜梅，组织、学习委员胡玉林，纪检、宣传委员王弋；科研第二党支部书记贺军军，组织、学习委员谢坤良，纪检、宣传委员李川玲；科研第三党支部书记姚全胜，组织、学习委员刘思汝，纪检、宣传委员吴婧波；科研第四党支部书记焦静，组织、学习委员李海亮，纪检、宣传委员王超；科研第五党支部书记帅希祥，组织、学习委员肖熙鸥，纪检、宣传委员陈妹；机关党支部书记涂行浩，组织、学习委员符婉怡，纪检、宣传委员李玉林；产业发展党支部书记吴浩，组织、学习委员欧阳红军，纪检、宣传委员刘江平；离退休党支部书记曾文可，组织、学习委员冯淼莹，纪检、宣传委员王一承。

三、党员发展

2019 年 12 月底共有党员 173 人，其中在职党员 112 人，离退休党员 61 人。截至 2023 年 12 月，共有党员 129 人，其中在职党员 106 人，占在职职工总数的 59%。在职党员学历：研究生 83 人（其中博士研究生 26 人），大学本科 18 人，大学专科 5 人。在职党员身份：党员干部 102 人，工人 4 人。

党员发展情况：2019 年 1 人，2020 年 2 人，2021 年 1 人，2023 年 4 人，共计 8 人。

四、党员教育

在热科院党组、湛江市委、湛江市直机关工委的统一组织和安排下，先后开展了“不忘初心、牢记使命”主题教育、党史学习教育、学习贯彻习近平新时代中国特色社会主义思想主题教育等党员主题教育。

（一）“不忘初心、牢记使命”主题教育

2019 年 6 月 25 日，南亚所召开所党委（扩大）会，对“不忘初心、牢记使命”主题教育进行了部署。2019 年 7 月 2 日召开“不忘初心、牢记使命”主题教育动员部署会，党委副书记（主持党委工作）、副所长杜丽清作动员讲话，热科院党组“不忘初心、牢记使命”主题教育第二指导组组长于钦华到会指导。7 月 8 日南亚所党委印发《南亚所 湛江实验站“不忘初心、牢记使命”主题教育实施方案》（所党委发〔2019〕17 号）。7 月 15—19 日，开展主题教育集中学习。7 月 17 日，热科院主题教育第二指导组组织于钦华等参加学习并给予指导。7 月 23—24 日南亚所组织全所全体党支部到鹤地水库开展廉政教育。7 月 24—26 日，徐明岗所长带队赴西藏农牧科学院蔬菜研究所调研。8 月 16 日，南亚所召开“不忘初心、牢记使命”专题党课，党政一把手重点围绕“四个讲清”在全所范围授课，热科院主题教育第二指导组组长于钦华等到场指导。南亚所处级干部和党支部书记分别在所在党支部讲党课。8 月 29 日，南亚所湛江站在热科院环境与植物保护研究所召开“不忘初心、牢记使命”专题民主生活会，紧扣学习贯彻习近平新时代中国特色社会主义思想这一主线，聚焦“不忘初心、牢记使命”主题，突出力戒形式主义、官僚主义这一重要内容，按照习近平总书记关于“四个对照”“四个找一找”的要求，盘点收获、检视问题、深刻剖析，严肃开展批评与自我批评，以钉钉子精神抓好整改，推动所站党员干部进一步增强“四个意识”、坚定“四个自信”、做到“两个维护”，推动所

站班子履职尽责、团结奋进，牢记初心使命，重整行装再出发，在新时代把党的自我革命推向深入。

（二）党史学习教育

2021 年 4 月 9—13 日，南亚所党委组织各党支部委员、纪委委员、党委委员共 30 名党员一同前往井冈山开展党史学习教育实践培训活动。

4 月 25 日，南亚所湛江站召开党史学习教育动员部署大会，对党史学习教育进行动员部署，邀请湛江市直属机关工委吴璇瑛副书记上党史专题党课。

5 月 10—12 日，南亚所党委组织离退休党员赴广州开展“学党史、感党恩、强党性”主题党日活动。

5 月 15—18 日，南亚所科研第一、第二、第三和第五党支部组织党员赴重庆联合开展“学党史 感党恩 强党性”主题党日活动。

5 月 26—29 日，南亚所机关党支部、产业发展部党支部前往广西兴安、全州、灌阳等地开展“学党史明初心，弘扬长征精神”为主题的党日活动。

6 月初至 7 月初，南亚所党委举办所站党史学习教育主题“微党课”比赛。各党支部围绕学习百年党史，结合热科院院情院史、南亚所所情所史的学习精心制作“微党课”视频，择优选送“微党课”视频作品参加评选。参评的 8 个“微党课”视频作品，经评选小组综合评审，共评选出一等奖 1 个、二等奖 2 个、三等奖 3 个。其中一等奖作品《学习中国共产党百年奋斗史，传承老一辈科学家精神》获湛江市直机关工委推荐参加广东省委组织部精品党课评选活动。组织所站全体党员参加湛江市直机关“知党史 感党恩 促党建”党史知识竞赛，共计 97 名党员参加了党史知识竞赛，参与率占全体党员的 83%，平均分 89 分，南亚所党委获优秀组织奖。

7 月 1 日，所长、党委副书记杜丽清同志作了题为“学百年党史 汲取奋进力量”党史学习教育专题党课。7 月 15 日，南亚所党委组织开展南亚所湛江站党史学习教育——国家安全观教育活动。

开展专题调研。4 月份，南亚所办公室、科技处、条件保障处、产业发展部等职能部门的党员领导干部分别深入所站职工群众、科研生产一线、深入徐闻、雷州、遂溪、阳江等热区乡村振兴一线，紧密结合所站科技创新、产业发展、条件保障、福利待遇等开展专题调研，充分了解了职工群众和热区产业的需求。

明确具体实事。5 月上旬，南亚所党委根据热科院 5 大重点工作安排，结合所站工作实际，在各行政服务部门的深入调研的基础上，提出了所站 2014 年 10 月后退休人员待遇核算、切实提高科研人员国家自然科学基金申报书质量、改善办公环境辅助工程和加强科技服务助力乡村振兴 4 件涉及福利待遇、科技创新、条件保障、乡村振兴等方面的具体实事，形成了“我为群众办实事”项目清单，按“我为群众办实事”实践活动工作台账进行，切实务实地解决群众急难愁盼问题。

“七一”前夕走访慰问活动。所党委高度重视建党百年“七一”走访慰问活动，精心部署、精准统计，所长、党委副书记（主持工作）杜丽清同志亲自带队，先后走访及电话慰问了 27 位老党员和生活困难党员，同时向党龄达到 50 周年的老党员颁发“光荣在党 50 年”纪念章，进一步增强了老党员的荣誉感、归属感和使命感。

召开专题组织生活会情况。7 月 13 日，根据《关于召开党史学习教育专题组织生活会有关事项的通知》（热科院学办〔2021〕4 号）有关要求，结合所站实际，南亚所党委印发了《南亚所湛江站党史学习教育专题组织生活会工作方案》。所站领导班子成员严格执行双重组织生活制度，以普通党员身份参加所在党支部专题组织生活会，对专题组织生活会做出安排并给予指导。各党支部分别召开了专题组织生活会，严肃认真地查摆了问题。组织生活会上，领导班子成员带头深入开展对照检查，深刻分析党性思想，开展批评与自我批评。

7 月 27 日，南亚所湛江站举办两场党史学习教育专题党课报告会。首场报告由所党委副书记、纪委书记陈佳瑛主讲，以“我国改革开放的主要历程和经验”为题，聚焦改革开放和社会主义现代化建设新时期，讲述了改革开放的主要历程、伟大成就和主要经验，并结合所站工作实际阐述了我国农业科技改革历程。第二场报告由广东海洋大学马克思主义学院巩建华教授主讲，以“乘风破浪会有时：实现强国大业的筑梦新潮”为题，讲述了党的十八大以来历史性成就与历史性变革的时代背景，解析历史性成就与历史性变革的内容，介绍了取得历史性成就与历史性变革的成功经验，并结合相关研究得出湛江市迎来了重要发展机遇期的结论。

7 月 28 日，热科院党史学习教育第二巡回指导组（以下简称“指导组”）到南亚所湛江站开展党史学习教育指导工作。指导组列席了所长杜丽清同志所在科研第五党支部的党史学习教育专题组织生活会。

（三）“喜迎二十大、奋进新征程、建功新时代”主题活动

2022 年 9 月，南亚所党委为迎接党的二十大胜利召开，开展了“喜迎二十大、奋进新征程、建功新时代”系列主题活动，组织党员、干部集中收听收看中国共产党第二十次全国代表大会盛况，党委书记及各党支部书记讲“对党忠诚，始于足下”专题党课，党支部开展“对党忠诚，始于足下”主题党日活动、“喜迎二十大”中秋节迎新茶话会、“廉洁自律 弘扬正气”主题文化活动、“喜迎二十大 科普向未来”公益活动、“喜迎二十大，团结向未来”趣味运动会等活动。

1. “喜迎二十大”中秋节迎新茶话会

2022 年 9 月 9 日，南亚所党委、工会举行了 2022 年南亚所中秋节迎新茶话会。所领导及管理服务部门负责人、科研代表、新进人员、2022 年退休人员等约 33 人参加茶话会。中秋节迎新茶话会进一步凝聚了南亚所职工之间的“向心力”，增进了感情、交流了思想，南亚所职工以全新的面貌、昂扬的斗志、饱满的热情、旺盛的干劲迎接党的二十大胜利召开。

2. “廉洁自律 弘扬正气”主题文化活动

（1）廉政教育主题党日活动。2022年9月2日，南亚所党委组织全体在职党员到麻章区城家外村党员教育基地开展廉政教育主题党日活动。全体党员重温入党誓词，参观“重走长征路”组雕、廉字石山、君子园、楷模园、城家外党史纪念馆等，学习楷模人物的先进事迹，在警示案例中接受教育。通过这次廉政教育学习，筑牢党员干部廉洁自律思想防线，为推动南亚热带农业科技创新工作高质量发展作出应有的贡献，以优异的成绩迎接党的二十大胜利召开。

（2）“廉洁自律 弘扬正气”主题板报设计比赛。2022年9月开展“廉洁自律 弘扬正气”主题板报设计比赛，运用开展板报设计比赛的形式加深人们对“廉洁自律”的理解，促进思想凝聚，丰富文化生活，发挥创造热情，并以此方式进一步建立、完善和规范基层党组织的宣传阵地建设。每个党支部按照要求精心制作报送一件板报作品。9月26日，由南亚所纪委委员、纪检委员组成评委组对板报作品进行了评选，评选出一等奖1个，二等奖2个，三等奖3个，获奖板报作品在所宣传栏板块展出。

3. “喜迎二十大 科普向未来”公益活动

2022年9月17日、25日南亚所开展了“喜迎二十大 科普向未来”公益活动，共有420余名中小学生及家长参加活动。活动内容包括：参观珍稀植物园和蝴蝶标本馆，探秘国家热带果树种质资源圃，科学探索之水果发电及艺术压花，体验金秋节气等。活动激发了青少年爱科学、学科学、用科学的热情，锻炼了青少年的创造能力。

4. “喜迎二十大，团结向未来”趣味运动会

为迎接党的二十大胜利召开，庆祝新中国成立73周年，丰富职工文体活动，促进职工间的交流和增进友谊，2022年9月23日上午，南亚所党委、工会举办了“喜迎二十大，团结向未来”趣味运动会。全所职工分为6支队伍，围绕4项趣味比拼项目进行了激烈角逐，南亚所领导班子及职工、学生共计100余人参加活动。每个运动项目均赛出一等奖、二等奖和三等奖，还评选了优秀团体奖。活动加深了南亚所广大干部职工彼此之间的情感交流，充分展示了广大干部职工积极向上的精神面貌。

5. “喜迎二十大 奋进新征程”主题党日活动

2022年9月23—24日，南亚所四个党支部组织党员赴徐闻红色教育基地开展“喜迎二十大 奋进新征程”主题党日活动。党员们先后到徐闻红星农场博物馆、渡琼作战指挥所、墩尾革命纪念馆参观学习。大家纷纷表示，该次主题党日活动极具教育意义，在以后的工作中要进一步发扬革命精神，为南亚热带农业科技高质量发展作出新的更大贡献。

6. 收听收看中国共产党第二十次全国代表大会盛况

10月16日上午10时，中国共产党第二十次全国代表大会在北京隆重开幕，习近平总书记代表第十九届中央委员会向大会作报告。南亚所全体在职党员、部门负责人通过观看电视直播的形式，第一时间集中收听收看开幕会盛况。其他党员、职工通过网络、电视同步收听收看。

（四）学习贯彻习近平新时代中国特色社会主义思想主题教育

2023年4月23日，南亚所召开学习贯彻习近平新时代中国特色社会主义思想主题教育动员部署大会，对全所开展主题教育进行动员部署。热科院主题教育第二巡回指导组组长宋应辉出席指导。

4月28日—5月5日，南亚所开展主题教育专题读书班，所领导班子带头示范，坚持读原著、学原文、悟原理。该读书班重点学习党的二十大报告、党章、《习近平新时代中国特色社会主义思想专题摘编》《论“三农”工作》以及《习近平著作选读》第一卷、第二卷等内容，深刻理解把握习近平新时代中国特色社会主义思想的世界观、方法论和贯穿其中的立场观点方法、道理学理哲理。同时结合工作实际和职责任务，深学细悟习近平总书记关于科技创新、“三农”工作、人才工作的重要讲话和重要指示批示精神，做到常学常新，把学习成果转化为开展工作的新思路、解决问题的新方法、实现发展的新举措。

5月17日，所党委邀请湛江市委宣讲团成员、市直机关工委副书记张玉梅作题为“认真学习贯彻党的二十大精神　为全面推进中华民族伟大复兴而团结奋斗”的读书班辅导报告。全体在职党员参加报告会。报告围绕党的二十大精神、党章和学习宣传贯彻习近平总书记视察广东重要讲话重要指示精神等方面，进行了详细阐述。

5月19日，所党委以理论学习中心组学习会为抓手，结合实际列出坚持全面深化改革、推动经济高质量发展、以中国式现代化全面推进中华民族伟大复兴、以自我革命精神推进全面从严治党、实施科教兴国战略、强化现代化人才支撑，组织领导班子成员和副处级干部联系思想和工作实际，深入研讨，交流运用党的创新理论解决实际问题的具体案例和体会，提出改进工作的思路措施。

5月31日，召开所党委理论学习中心组学习（扩大）会议，专题学习了习近平总书记视察广东的重要讲话精神和重要指示批示精神，研究部署南亚所贯彻落实举措。

5月中旬至6月底，各党支部（包括离退休党支部）先后组织党员到湖南湘西十八洞村、芷江抗日受降纪念坊、安江农校、贵州遵义会议会址、遵义四渡赤水纪念馆、娄山关红军战斗遗址、湖南长沙雷锋纪念塔、橘子洲头毛泽东青年艺术雕塑、刘少奇同志纪念馆、韶山毛泽东同志纪念馆、杨开慧纪念馆、广西玉林市解放战争游击根据地（香山）纪念馆、中共广西壮族自治区第一次代表大会陈列馆与旧址、邓颖超纪念馆、广西烈士陵园（广西革命纪念馆）开展“学悟新思想 实践建新功”主题教育实践活动，通过革命传统教育和红色教育，进一步增强党员党性修养。

4月底至5月初，陈佳瑛副所长带队赴西北农林科技大学、华中农业大学等高校，调研人才引进培养工作，学习人才引进培养好办法和先进经验。根据有关单位的经验，结合自身实际，南亚所制定了《南亚所引才政策八条》，进一步加大人才引进培养力度。所领导班子结合理论学习和调查研究，深入查找分析在高层次人才引进培养等工作中存在的问题短板，制定了《“南亚英才”之“青年拔尖人才”培育计划实施办法》，以促进青年人才快速成长，培养一批创新意识强、具有发展潜力的青年学术骨干。积极与湛江教育主管部门沟通，为高层次人才职工子女入学提供帮助，帮助12名职工子女入读湛江市二中附小、十二小等学校。

6月19—22日，南亚所所长、党委书记杜丽清带领由16名科技人员及管理人员组成的调研组，赴海南省临高县和海南省陵水县深入农村和产业一线，开展热带农业科技发展情况和乡村振兴成果成就等相关的工作调研，积极推进“一所对一县”行动计划。还到热科院热带作物品种资源研究所、香料饮料研究所、环境与植物保护研究所、海口实验站等兄弟单位交流学习，学习了先进的基地管理经验。7月11—12日，副所长李普旺带领科技处、产业发展部等部门负责人赴云南农业大学、云南省农业科学院等单位就科研、人才培训、产业发展等方面开展调研交流，深入了解热带农业发展过程中的新情况、新问题，总结探索新经验、新规律，为南亚所科技发展和科技成果转化提供新的思路，助力推进热带农业科技高质量发展。

6月23日，南亚所所长、党委书记杜丽清带领由16名科技人员及管理人员组成的调研学习小组，前往海南省儋州市开展“学悟新思想 实践建新功”主题教育党日活动。深切哀思缅怀我国天然橡胶事业的开拓者、热带作物科学教育事业的重要奠基人何康，传承发扬老一辈热作事业科学家的精神品格和优良作风。

7月3日，按照南亚所主题教育工作安排，所长、党委书记杜丽清以“学悟新思想、建功新征程，为加快推进南亚所跨越式发展而团结奋斗”为题，为全所党员干部作主题教育专题党课报告。

7月12日，热科院副院长谢江辉到南亚所参加“学悟新思想 实践建新功”主题党日活动，为党员干部上专题党课，并和科研人员座谈交流。

7月19日，热科院主题教育第二巡回指导组到南亚所督促指导主题教育开展情况，听取所主题教育进展情况并进行座谈交流。

8月29日，南亚所召开主题教育专题民主生活会。热科院主题教育第二巡回指导组组长宋应辉带队到会指导。会上，所长、党委书记杜丽清代表所领导班子作对照检查，明确了将进一步坚持不懈抓好学习贯彻习近平新时代中国特色社会主义思想，坚定不移推进全面从严治党、抓好纪律教育，推动南亚所高质量发展。所班子成员逐一作对照检查，严肃开展批评和自我批评。大家坚持刀刃向内、自我革命，坚持出于公心、实事求是，敢于动真格、讲真话，实现了“红红脸、出出汗”，取得了预期效果。宋应辉同志进行了点评，对南亚所开展主题教育成效和专题民主生活会情况给予了充分肯定。

五、2019—2023年南亚所加强党建工作的主要做法

2019年7月9日，习近平总书记出席中央和国家机关党的建设工作会议并发表重要讲话，对推动新时代中央和国家机关党的建设作出战略擘画。五年来，南亚所党委深入贯彻落实习近平总书记关于党的建设工作重要讲话精神，坚持以习近平新时代中国特色社会

主义思想为指导，以服务科学发展为主导，不断创新党建工作模式，积极加强应用实践，扎实推动全所全面从严治党工作向纵深发展，先后创新了党支部“6 个 1”学习教育模式、理论学习中心组模式、党日主题活动模式、党建“三个融合”模式、多手段促宣传新格局等新模式、新思路，并将创新模式在工作中进行实践，取得了一定成效，职工凝聚力增强，南亚所各项事业再上新台阶。

（一）党支部“6 个 1”学习教育模式和党日主题活动模式

“6 个 1”即深读 1 本好书、上好 1 堂党课、集中观看 1 部专题片、撰写 1 篇学习心得、组织学做专题研讨 1 次、进行主题学习交流 1 次。除了南亚所党委集中开展的红色教育主题党日活动、廉政教育主题党日活动外，还引导党支部不断创新党日活动，如基地参观学习，与湛江市海关、市直机关工委、市联通公司、中国建设银行湛江分行等单位联办主题党日活动等，不断完善党支部工作法，提升了党支部组织力、凝聚力和战斗力，激发了创造力。

（二）中心组理论“五步走”学习模式

打破了原来中心组理论学习就是传达文件的模式，创新形成了年初有计划、次次有重点、与实际相结合、学前有准备（提前编写学习材料）、学中有讨论、学后有思考的模式，采用“五步走”即“第一议题学习、观看警示教育片、PPT 导学、重点发言、结合南亚所实际讨论”流程，避免学习枯燥无味，真正让学习入脑入心。

（三）党建工作“三个融合”模式

1. 党建工作与中心工作深度融合

一是把党建工作深度融入农业农村部和年度中心任务上来，同谋划、同部署、同推进、同落实、同考核。如南亚所原所长、《Asian Scientists》2019 年亚洲百位杰出科学家徐明岗，被联合国粮食及农业组织授予土壤研究界的“诺贝尔奖”——格林卡世界土壤奖。为了解决土壤退化、红壤酸化加速等问题，30 多年来，徐明岗矢志不渝坚持扎根在枯燥的“长期定位实验”中，细盘黄、黑、红、灰、紫五色国土，积累 9 万个样品，获得 150 多万条基础数据，终于破解了土壤密码，解决了有机质提升的技术难题，使我国在这一研究领域处于国际领先水平。作为一名党员干部，他用自己 32 年与土壤相伴的故事，朴实地践行着一位农业科技工作者的初心和使命。二是党建带群建，增强职工的幸福指数。群团组织健全，在重要节点开展丰富多彩的活动，增强职工的凝聚力。积极开展迎新座谈、春晚文艺汇演、元宵游园、三八妇女节、清明植树、五四青年联谊、八一军民廉政教育、中秋节迎新茶话会、重阳叙旧、十一球类比赛等活动。扎实开展“送温暖”走访慰问活动，建立日常的“送温暖”机制，年平均慰问 150 人次左右。三是落实党内激励帮扶机制。针对“空巢”老同志，开展“一对一”家庭帮扶。创建了农业农村部老年大学湛江课堂，开展退休老同志书法、书画展览活动，出版自传，鼓励老同志发挥余热。四是落实民生工程。急老同志所急，多次部署研究，改造了职工宿舍的门窗、整治了环境，现在的南亚所居住和生活办公环境焕然一新；在华欣路8号老旧住宅区加装了电梯，为职工解决实际问题，职工的幸福指数逐年上升。

2. 党建工作与服务“三农”深度融合

依托乡村振兴战略和“三农”服务平台，将党建与服务“三农”紧密结合、相互渗透，相互促进、共同发展、实现双赢，推动科技人员到热区、进农村、入农户，开展党员志愿者服务活动，把论文写在热区大地上，让科研成果走进千家万户。原党委办公室主任、农艺师张新民，2016年4月退休后毅然接受了南亚所党委交付的使命，担任驻村第一书记。坚守岗位四年间，他勇担重任，夙夜为公，开展科技产业扶贫“三位一体”模式，建成了2亩的新品种示范园1个、12亩的芒果标准化生产示范园1个，将选育的热农1号等新品种进行种植，形成了“以点带面，点面结合”的示范带动效果。2019年张新民获农业农村部离退休干部先进个人和全国离退休干部先进个人荣誉称号。

3. 党建工作与湛江发展深度融合

以党建促业务、以业务强党建，做到党建与业务工作同安排、同部署、同落实，统筹推进，使党建工作与中心任务目标同向、工作合拍、措施配套。围绕“全力建设省域副中心城市、加快打造现代化沿海经济带重要发展极”目标，加大科技支撑力度，加大与地方政府、企业的联合协作，带动菠萝、芒果、荔枝等产业优化提质增效。助力优势产业发展。

（四）多措并举促宣传的模式

党管宣传，宣传工作成效显著。充分发挥信息化网络时代功能作用，夯实内在宣传与外媒合作联动机制，进一步“强实力扩影响”，助力“创建世界一流的南亚热带农业科技创新中心”。宣传工作作为南亚所对外宣传交流的窗口，在展示广大科技工作者数十年为热带农业科技事业艰苦奋斗的光辉历程中，发挥着不可替代的作用。南亚所宣传工作从原来的科技情报信息收集与发布中走出来，历经小范围的内部专刊、零星对外投稿，到专门网（络）站和微信公众号发布，逐渐发展壮大，对外影响力日益扩大。

南亚所党建工作模式创新与实践研究成果获2020年度中国热带农业科学院管理创新三等奖。

六、加强党对南亚所的领导，健全完善南亚所党的领导体制和工作机制

南亚所党委全力构建协调运行大体系、着力落实大责任、深度联动大融合的党建工作格局。

（一）协调运行大体系

1. 建立健全党委全面领导、协调各方的领导体系

将党的领导与南亚所治理深度融合，明确各党支部职责、定位和作用，形成党委统一领导、党政分工协作、班子成员各司其职、各级狠抓落实的工作机制。

2. 建立覆盖各级党组织、全体党员的组织体系

按照“四同步、四对接”的原则，把握研究所体制特点、业务特点、机构特点、人员特点，把党组织建立到已有机构、专设机构、临时机构、驻外机构，实现组织党员全覆盖，打造听从指挥、管理严格、监督有力、班子团结、风气纯正的坚强组织。

3. 建立可操作、可量化的目标体系

体系化、指标化、定量化分解党建任务，吸收项目管理经验，一张党建考核表上明确任务事项、责任领导、具体举措、完成时限、标志成果，制定标准化的党建工作手册，预留特色化创作空间，形成一体化的党建工作计划，实现规定动作有任务、自选动作有特色、上下统一的工作目标。

4. 建立高素质、专业强的人才体系

工作目标确定后，干部和人才就是决定性因素，深入贯彻新时代党的组织路线，选优配强书记这个“第一责任人”、干部这个“领头雁”，严把党员“入口关”，以“关键少数”带动“绝大多数”，强化“六种思维”，提高“七种能力”，增强“八大本领”，提高党委的领导力、干部的执行力、支部的组织力、党员的战斗力、群众的创造力。

5. 建立规范化、科学化的考评体系

将党建考核与业务考核一体化开展，既突出党建工作新提升，也体现科研生产新发展；将“述评考用”与“选育调退”相贯通，形成支部书记年度述责、单位自评、满意度测评等多维度、全方位考核评价机制，激发抓党建是本职、抓不好是渎职、不抓是失职的使命感和责任感。

（二）着力落实大责任

1. 抓好战略落实

聚焦创新驱动发展战略和高水平科技自立自强，找准党建工作在科技创新和产业培育中的定位和切入点，加强需求对接、政策研究、战略深化、规划承接、计划推进、执行纠偏和反馈提升，将战略规划落地、改革发展成效作为检验党建责任制落实的“试金石”。

2. 抓好制度落实

聚焦全面从严治党和依法合规治所，根据新形势、新任务、新要求，进一步明确不同类型的党组织职责、作用、工作模式，落实党建进章程，不断完善党建工作制度及实施细则，将党组织运行机制与研究所制度体系贯通起来，将制度修订同步统一起来，实现制度同向发力、同频共振。

3. 抓好责任落实

聚焦责任划分和分级负责，建立分类分级的责任清单，全面落实各级党组织的“主体责任”、党组织书记“第一责任”、纪委“监督责任”、班子成员“一岗双责”。实行党建工作责任区和联系点制度，每名班子成员到基层单位和支部蹲点、抓点，以点带面，同步解决党建工作、改革发展工作的重点难点问题。

4. 抓好监督落实

聚焦重点领域和关键环节，发挥纪委“专责监督”作用，强化政治监督、严格纪律监督、发挥职能监督、加强同级监督、改进对下监督、做实日常监督、推进联动监督、精准专责监督，特别是做好“一把手”和领导班子监督，构建“大监督”格局。实现组织联动、实施联动、协调联动、信息联动，建立信息互通、问题联查、报告报送、成果共用工作机制。

5. 抓好主动落实

聚焦勇于担当和善于作为，践行社会主义核心价值观，继承中华优秀传统文化，大力弘扬科学家精神，赓续红色血脉，以自立自强的使命感、能快则快的责任感和时不我待的紧迫感，不断激发各级干部、全体职工的内驱力、创造力和奋进力。

（三）深度联动大融合

1. 内部联建，拆掉“部门墙”

通过党支部“结对子”，共同开展“主题党日”“政治生日”等党建活动，一起学习理论、交流思想、分享经验，达到增加了解、增进友谊、增强团结的目的，实现党建工作与业务工作互促互融、党务队伍和业务队伍互帮互信。

2. 上级联络，穿透“隔热层”

围绕重大需求、重大项目、“卡脖子”技术攻关，依托项目建立的党组织及时与上级机关部门、地方主管单位开展联学联建，深刻把握政策依据、任务目标、工作要求，共同推动立项、实施、审计、验收，上级“沉浸式”管理，促使项目高效推进。

3. 价值联合，打造“策源地”

南亚所与产业链上下游高校、企业的历史使命一致、总体目标一致、时代责任一致、发展利益一致。充分发挥党建工作“穿透式”优势，创新载体平台，将党建链深刻植入创新链、产业链和价值链，一起打造产学研用典范。

4. 业务联动，破除“两张皮”

梳理党建工作与业务工作责任“双链”，在合适的位置以恰当的方式搭建起“双链”之间的“氢键”，注重纵向任务有效落实的同时，加强横向之间的融合统筹，形成党建工作与业务工作深度融合的、“双螺旋式”上升的发展模式，实现组织价值、使命责任、发展目标。构建“大党建”工作体系的根本出发点和具体落脚点，就是看“两个维护”是否落实到位，高质量发展任务是否完成。着力构建“大党建”工作体系，充分发挥党建工作优势，打通基层治理体系中的难点、痛点、堵点，提高科技创新效率、激发科技人才活力、创造科技成果收益，保障高水平科技自立自强。

七、发挥南亚所党组织政治功能和组织功能，加强党组织和党员队伍建设情况

（一）深入开展思想政治学习

不断加强思想建设，突出政治功能，牢牢抓住思想建党这个根本，深入开展党员干部教育培训。

1. 加强中心组理论学习，发挥领导干部的引领示范作用

严格落实领导班子中心组理论学习制度，抓好领导干部这一“关键少数”，引领广大党员认真开展思想政治学习。制定中心组理论学习计划，将学习贯彻党的理论和路线方针政策与科技创新中心工作有机结合。注重理论联系实际，南亚所领导定期深入基层和科研基地开展调查研究，了解基层科研人员的需求，每年撰写1篇调研报告或理论研究文章，学用相长，以用促学。

2. 强化党员思想教育和理论学习，牢牢拧紧思想的“总开关”

通过党支部学习、书记讲党课、报告交流会、主题党日活动、观看教育片和订阅学习材料等多种形式，南亚所组织党员干部开展政治理论学习，不断提高党员干部思想政治理论水平。结合学习贯彻习近平新时代中国特色社会主义思想主题教育和党史学习教育常态化制度化要求，以落实“维护核心、铸就忠诚、担当作为、抓实支部”主题教育实践活动为抓手，进一步规范和加强党支部组织生活，定期组织党员开展集中学习和自学，加强“三会一课”等学习的检查和考核，提升学习效果。

3. 创新活动形式，丰富学习内容

除常规学习外，还举办多项特色活动，进一步丰富学习形式和内容。开展党员重温入党誓词，佩戴党员党徽、亮党员桌牌，组织观看《永远吹冲锋号》《榜样》《巡视利剑》等专题教育片，进一步提高思想教育的影响力。各党支部也结合支部构成特点，不断创新学习教育形式。科研党支部将理论学习与科研工作相结合，积极开展实验基地调研、送科技下乡和青少年科普教育等特色活动，以党建工作促进科技创新中心工作；机关党支部将提升服务能力与理论学习相结合，通过“放管服”（即简政放权、放管结合、优化服务）专题研讨、深入科研试验基地调研等活动，了解科研人员需求，进一步改进管理工作，激发研究所活力，提高党建工作的实效性。

（二）全面加强基层党组织建设

持续增强党组织活力，突出农业科研院所特点，大力加强基层党组织建设，在完善组织设置、强化班子建设、规范党员发展和健全工作制度等方面大力推进“五好”党支部（政治引领好、组织队伍好、制度落实好、作用发挥好、工作作风好）建设。

1. 完善和落实党建工作责任制

完善党委书记负总责、分管领导分工负责、各党支部推进落实的党建工作责任体系。

切实落实好各部门负责人“一岗双责”，健全完善党建述职评议考核制度。

2. 加强基层党组织建设

结合研究所实际，科学合理设置党支部。党的十八大以来，南亚所开展了探索和改革。创新科研组织形式，将党支部建立在研究室（中心）上，使党支部建设与学科建设及工作方向相结合，进一步完善了党支部构成，使党建工作与业务工作的联系更加紧密。注重支部领导班子建设，选优配强支委班子，支部书记由业务能力强有管理经验的部门负责人担任，支委由年轻业务骨干担任，强化了支部党务干部队伍建设。

3. 进一步规范党员发展工作

建立健全党员发展工作责任制，把年度发展党员工作纳入全年党建工作计划，绘制《发展党员程序流程图》，制定《发展党员工作基本流程及所需材料清单》，确保发展党员的每一个环节都做到严格程序、规范操作；加强党务工作人员培训，严把入口关，避免把不合格人选纳入发展党员的对象。

八、党内表彰

南亚所党委深化政治功能强、支部班子强、党员队伍强、作用发挥强“四强”党支部建设。党支部有效坚持开展思想政治工作，坚持党员学习教育制度、党员思想汇报制度、党员谈心谈话制度。规范“三会一课”、民主评议党员、组织生活会、请示报告、党建述职评议等党支部组织生活形式。规范党员组织关系转接、党籍管理、党费收缴使用和管理、党徽党旗党员徽章使用等工作制度。在这些工作开展过程中，涌现出一批先进党组织、优秀共产党员和优秀党务工作者，多次受到上级党组织的表彰，具体名单见表 9-2、表 9-3、表 9-4。

表 9-2 受上级表彰的先进党组织名单

年份	湛江市委先进党组织	湛江市直机关先进党组织	热科院先进党组织
2019	南亚所党委		南亚所党委、离退休第二党支部
2021		机关党支部	南亚所党委、科研第三党支部、离退休第二党支部
2023			南亚所党委、离退休第一党支部
2024		产业发展党支部	

备注：2024 年 3 月，南亚所产业发展党支部获得湛江市直机关“四强”党支部荣誉称号。从 2014 以来，南亚所党委在湛江市直机关党建目标管理考核中，连续十年被评为优秀等级。

表 9-3 受上级表彰的优秀共产党员名单

年份	湛江市直机关优秀共产党员	热科院优秀共产党员
2019	王松标	杜丽清、江汉青、胡会刚
2021	曾辉	贺军军、黄炳钰、周闯

（续）

年份	湛江市直机关优秀共产党员	热科院优秀共产党员
2023		邢姗姗、陈晶晶
2024	刘胜辉	

表 9－4　受上级表彰的优秀党务工作者名单

年份	湛江市直机关优秀党务工作者	热科院优秀党务工作者
2019	邱桂姝	李俊峰
2021	欧雄常	陈影霞、曾文可
2023		李俊峰
2024	吴婧波	

第二节　群团工作

2019—2023 年，南亚所党委高度重视群团组织的发展与健全，先后完成了职工代表大会、工会委员会、共青团支部等群团组织的换届选举。群团组织在南亚所党委的领导下，充分发挥联系群众的桥梁纽带作用，按照热科院党组和湛江市直机关工委有关要求，开拓创新，认真履职，充分发挥出基层群团组织应有的作用。

一、职工代表大会

南亚所第六届职工代表大会于 2021 年 8 月选举产生。2021 年 8 月 13 日，南亚所组织召开了南亚所第六届职工代表大会，经群众推荐、组织审核民主选举、党委研究决定等相关程序，选举产生了第六届职工正式代表共 37 人：马海洋、马德勇、王松标、邓旭、左雪冬、石胜友、叶小军、刘胜辉、江汉青、杜丽清、李国、李俊峰、李普旺、杨子明、吴浩、吴妃锡、宋喜梅、张秀梅、陈佳瑛、陈晶晶、陈影霞、武丽琼、欧雄常、罗萍、金辉、胡会刚、钟宁、洪克前、姚全胜、袁晓丽、黄小华、彭欣婷、韩建成、焦静、曾辉、薛忠、魏长宾。

南亚所第六届职工代表大会会议审议通过了《承前启后，开拓创新，努力争取更大成绩》的工作报告和《中国热带农业科学院南亚热带作物研究所“十四五”发展规划》。

二、工会委员会

2020 年 1 月 16 日，南亚所召开工会会员大会，选举产生了第六届工会委员会。第六届工会委员会委员 7 名，其中陈佳瑛副所长担任主席，袁晓丽任副主席，胡会刚、彭欣婷、陈影霞、欧雄常、贾志伟为委员。南亚所工会委员会隶属于湛江市总工会。

南亚所工会每年广泛开展文体活动，如“迎新春，送春联”活动、留湛过年学生“别样年夜饭”活动、“关注女性健康、共享幸福人生”国际劳动妇女节活动、“人人动手，美化家园”植树节活动、五四青年节篮球友谊交流赛、红色电影观影活动、“游故居、学党史”建军节活动、“喜迎二十大”中秋节迎新茶话会、趣味运动会、徒步健身走活动等。

做好职工慰问工作。在相关节假日、职工生病住院以及女职工生育期间，做好相关慰问工作，把组织的关心和温暖送到他们心坎里，平均每年慰问100余人次。

为职工子女入学创造条件。南亚所工会积极协助职工家庭向相关教育主管部门递交湛江市高层次人才子女入学申请。

做好节日慰问品发放。为每位会员购买生日蛋糕券，于生日当日发放，做好稳民心、暖人心工程。

2021年，南亚所工会被湛江市总工会评为“湛江市先进职工之家”；参加热科院工会庆祝建党100周年诗歌文艺汇演获“优秀组织奖”；被评为“湛江市关心下一代工作先进单位”。南亚所办公室获湛江市“巾帼文明岗”。

三、共青团支部

2021年11月8日，南亚所召开第二届团支部换届会议，选举魏茹丹为团支部书记，张月华为学习宣传委员、顾帅磊任组织纪律委员。2024年3月22日，南亚所召开第三届团支部换届会议，经共青团湛江市直机关工委审批，刘晓颖任团支部书记，李响、李婉琪为团支部委员，南亚所团支部委员会隶属湛江市直机关团工委，本届任期三年。

第三节　精神文明建设

南亚所党委十分重视所文化的建设，鼓励广大职工积极参加各类文化活动。2019年，陈佳瑛在“我与支部共成长”热科院征文比赛中，获优秀奖；2019年，李俊峰在热科院纪检组组织的“学习《条例》遵规守纪”主题征文中获二等奖。

近年来，南亚所党委积极响应热科院文化建设“九个起来”理念（群团组织健全起来、网站功能发挥起来、学术氛围活跃起来、书香院所建立起来、文体活动丰富起来、先进典型树立起来、青年志愿者行动起来、核心价值观培育起来、创新力量凝聚起来）。2017—2019年，所党委连续举办了三届读书活动，各党支部大力支持，广大党员干部踊跃参加，所创新文化达到了空前繁荣时期。2019年读书活动征文比赛获奖情况为，一等奖：欧雄常，二等奖：曾绿茵、唐远红、吴婧波，三等奖：李俊峰、朱利飞、袁晓丽、杨倩、刘思汝；演讲比赛获奖情况为，一等奖：吴婧波，二等奖：曾绿茵、袁晓丽，三等奖：朱利飞、黄炳钰、杨倩。

为了落实全面从严治党的工作要求，南亚所纪委在2018年8月、2019年8月、2020年8月，连续三年举办了以“廉洁自律 弘扬正气”为主题的廉政诗文、廉政书画作品的征集和展览活动；2021年9月、2022年9月，连续两年举办了以“廉洁自律 弘扬正气”为主题的廉政板报设计比赛；2023年9月，举办了以“廉洁自律 弘扬正气”为主题的廉政微型小说、廉政诗歌、廉政书画等文化作品征集和展览活动。廉政创新文化建设作为党的政治建设和作风建设的基石，是营造南亚所风清气正工作环境和塑造廉洁自律好干部的航标，是将自律与他律、要我做与我要做有机结合在一起的纽带。进一步提高南亚所廉政文化建设水平，使廉洁自律的精神深植人心，共同努力创建一支清正、廉洁、干净、担当的科技、管理、开发队伍，共同开创和谐、美丽、欣欣向荣的南亚所新局面。

2019—2023年廉政文化作品获奖情况见表9－5、表9－6、表9－7、表9－8。

表9－5 2019年度廉政文化作品获奖情况

名称	类型	姓名	获奖等次
守初心，雄关万里	水粉画	杨浩	一等奖
反腐倡廉诗	书法	程儒雄	一等奖
荷花颂	国画	牛轶凡、屈扬	一等奖
反腐诗词	书法	程儒雄	二等奖
洛阳牡丹	国画	牛轶凡、屈扬	二等奖
画梅	国画	程儒雄	二等奖
清风	漫画	赵润	二等奖
戒子书	书法	段雅婕	三等奖
善为本	书画	黄川	三等奖
廉	书法	欧阳红军	三等奖
清廉	书法	黄川	三等奖
警	漫画	邱桂妹	三等奖
荷塘秀色	国画	牛轶凡、屈扬	优秀奖
高“抬”明镜	漫画	严晓丽	优秀奖
不忘初心廉洁自律	水粉画	李海亮	优秀奖
中国梦	书法	陈影霞	优秀奖
江山多娇	书法	杨爱梅	优秀奖
勿以贪小而为之	漫画	刘思汝	优秀奖
腐败	漫画	薛鑫	优秀奖
廉走钢索	漫画	黄智敏	优秀奖
牡丹图	国画	牛轶凡、屈扬	优秀奖
逐梦新程	书法	邱雪华	优秀奖
爱莲说	书法	宋康华	优秀奖
林则徐诗	书法	王存顺	优秀奖
赏牡丹	书法	梁悦	优秀奖

（续）

名称	类型	姓名	获奖等次
近视	漫画	郑斌	优秀奖
不忘初心	水粉画	刘恒、刘书辰	优秀奖
反腐倡廉	漫画	欧阳红军	优秀奖
廉	书法	邱勇辉	优秀奖
帮扶	漫画	冯淼莹	优秀奖

表 9－6　2020 年度廉政文化作品获奖情况

名称	类型	姓名	获奖等次
甘淡泊	书法	程儒雄	一等奖
风清气正	书法	黄川	一等奖
廉政清风	漫画	黄冬云	二等奖
坚持崇廉拒腐	漫画	李海亮	二等奖
你就是年轻时的我	微小说	杨洁	二等奖
反腐倡廉战略方针	漫画	谢市秀	三等奖
清正廉明	漫画	王成艳	三等奖
反复零容忍	漫画	张本诚	三等奖
茧	漫画	邱勇辉	三等奖
奉献	漫画	刘思汝	三等奖
人民的公仆	漫画	付茂香	优秀奖
两袖清风	书法	宋康华	优秀奖
八廉能胜富	诗词	欧阳红军	优秀奖
诱惑	漫画	郑斌	优秀奖
无欲则刚	漫画	高玉尧	优秀奖
咏芒果	诗词	潘宏兵	优秀奖

表 9－7　2021—2022 年度“廉洁自律　弘扬正气”主题廉政板报设计作品评选结果

年度	获奖等次	获奖党支部
2021	一等奖	科研第三党支部
	二等奖	科研第五党支部、科研第二党支部
	三等奖	机关党支部、科研第四党支部、产业发展党支部、科研第一党支部
2022	一等奖	科研第三党支部
	二等奖	科研第一党支部、科研第四党支部
	三等奖	机关党支部、产业发展党支部、科研第二党支部

表 9-8 2023 年度廉政文化作品获奖情况

名称	类型	姓名	获奖等次
清溪新竹图	水粉画	王照	一等奖
小问题惹来大麻烦	微视频	王姬	一等奖
陋室铭·廉洁篇	诗词	严程明	二等奖
清正廉洁	书法	宋康华	二等奖
反腐倡廉、清正廉洁、警钟长鸣	漫画	李川玲、高玉尧	二等奖
初心使命	书法	杨子明	二等奖
荷花图	水粉画	李颖	三等奖
清正廉明	书法	杨子明	三等奖
她的选择	微小说	陈田娟、刘嘉盈	三等奖
贪亡廉兴	诗词	安东升	三等奖
咏史	书法	段雅婕	三等奖
反腐倡廉科研先行	诗词	李海亮	三等奖
说廉	诗词	黄小华	优秀奖
一念之差	漫画	朱利飞	优秀奖
清廉	漫画	李川玲、高玉尧	优秀奖
莲只盛夏，廉则千秋	水粉画	王俪洁	优秀奖
颂柏	诗词	陈曙	优秀奖
以廉律己	书法	宋喜梅	优秀奖
廉洁镜、自律人	漫画	刘思汝	优秀奖
濯清涟而不妖，出淤泥而不染	水粉画	王楠皓	优秀奖
廉洁	水粉画	时旺	优秀奖
看取莲花净，应知不染心	水粉画	王成艳	优秀奖
拿人一文，不名半文	书法	肖熙鸥	优秀奖
万丈深渊	漫画	欧阳红军	优秀奖
莫伸手，伸手必被捉	漫画	谢坤良	优秀奖
扎根	漫画	黄冬云	优秀奖
一步错，步步错	漫画	符婉怡	优秀奖

南亚所以发扬研究文化为重点，为促进全面可持续发展，增强全体职工获得感、归属感和幸福感，开展了丰富新颖、健康向上的精神文明建设活动。2020 年开展“新时代·新风尚·新作为”主题文明家庭评选活动，评选出文明家庭 5 户，分别为科研第一党支部推荐的左雪冬、胡玉林家庭，科研第二党支部推荐的曾辉、黄冬云家庭，科研第三党支部推荐的肖熙鸥、林文秋家庭，机关第一党支部推荐的王松标、陈佳瑛家庭，机关第二党支部推荐的邱勇辉、陈媛家庭。推荐王松标、陈佳瑛家庭至湛江市直机关工委参加第四届湛江市文明家庭评选，王松标、陈佳瑛家庭获评第四届湛江市文明家庭。2023 年开展“爱

国·爱家·爱生活”主题文明家庭评选活动，评选出文明家庭3户，分别为科研第一党支部推荐的孙德权、陆新华家庭，科研第三党支部推荐的吴婧波、李城华家庭，产业发展党支部推荐的欧阳红军、陆春恒家庭。推荐孙德权、陆新华家庭至湛江市直机关工委参加第五届湛江市文明家庭评选。

深入为职工群众办实事。自2019年以来，南亚所每年结合党组织民主生活会，通过与新进职工、新晋升职称职工、新提拔干部谈心谈话以及与研究室座谈等形式，广泛征集职工对南亚所的意见、建议。截至2023年，围绕项目组织、学术交流、成果凝练、单位管理、办公条件改善、职工健康福利、研究生培养等方面，已为职工群众办结实事50余件。

热心参与社会公益，关注扶贫济困活动。2019年以来，每年组织职工参加“6.30”扶贫济困日捐款活动，累积捐款超5万元。2020—2022年，先后4次选派44名党员干部参加湛江市疫情防控工作，相关工作获当地政府表彰。

第四节　宣传工作

宣传工作作为南亚所对外宣传交流的窗口，在展示广大科技工作者数十年为热带农业科技事业艰苦奋斗的光辉历程中，发挥着不可替代的作用。南亚所宣传工作紧密围绕“一个中心，四个基地”发展定位，本着“围绕中心、服务大局”“内聚人心、外树形象”“突出重点、形成亮点”“归口管理、分级负责”“拓宽领域、及时高效”的宣传原则，重点宣传热带农业科技事业、重大科研进展和标志性成果、服务“三农”重大活动、优秀农业科技专家，基本达到“国家层面有声音、部省层面有地位、社会各界有影响”的具体目标。

南亚所网站宣传平台自建于2005年。通过多年的建设，建立起以所网站为主体的宣传阵地。目前所网站开设有“新闻动态”“科研动态”“科研成果”“党群工作”“服务三农”“媒体南亚”“人才队伍”“植物园”等栏目。

南亚所自2012年起就成立了宣传工作领导小组，确定宣传工作由所党委直管，所主要领导主抓宣传工作，初步形成了办公室（党委办公室）专人负责，各部门均有兼职通讯员的新闻宣传格局，确保大事上重要媒体，一般事件上所网站，全面调动和整合新闻宣传资源，全方位开展宣传工作，有力地配合南亚所实施南亚热带作物科技创新能力提升行动。不断创新宣传手段，与新闻媒体搭建协作关系，努力形成“大宣传”的舆论宣传工作格局，形成了南亚所新闻宣传工作齐抓共管的新局面。

2016年南亚所建立了微信公众号，办起了让更多读者用手机轻松便捷浏览南亚所新闻资讯的微官网，且图文并茂，在拓展宣传渠道、逐步走向多媒体传播路上迈出了可喜的一步。所内建设了3个宣传栏，充分利用网络、纸媒等媒介，加强所内宣传体系建设，丰富宣传载体，做好做精所网站。向外印发科技动态、工作动态等各类简报。

依照热科院发布的《关于中国热带农业科学院网站信息发布的管理办法》[院（党委）〔2016〕44号]，借鉴宣传工作先进所站的经验和做法，南亚所2016年开始制订并完善了

《南亚热带作物研究所新闻宣传工作指导性意见》，通过制度理顺和规范宣传工作开展，使全所宣传工作形成了良好发展态势。

南亚所积极配合热科院网站做好全所宣传工作，建立起与各界媒体合作的宣传长效机制。逐步建立和畅通各类院外宣传媒介、载体，拓展新闻宣传途径和领域，拓宽宣传范围，扩大宣传影响力。建立了分层分类信息报送机制，重大科研、推广和服务“三农”工作进展、优秀农业科技专家等信息及时投送到热科院网站，并通过热科院办公室宣传科上报中央级媒体及上级主管部门；或协调组织采访，服务地方有关工作信息及时报送农业农村部有关网站、中国热带农业信息网和湛江农业信息港等中央及地方热区农业媒体。

目前南亚所与光明网签署了热带农业科普宣传提升行动合作协议，和《农民日报》、中国热带农业信息网、《海南日报》、图读湛江、湛江农业信息港和《湛江晚报》等一批媒体建立起投稿关系。与《农民日报》《光明日报》《海南日报》《湛江日报》《湛江晚报》和湛江电视台等外界记者建立起采访合作关系，建立为南亚所用、科学高效、分级分类的媒体协调机制，共同打造媒体搭台、所地唱戏的对外宣传工作格局。

南亚所积极邀请到中国中央电视台、农民日报、海南日报、湛江日报等媒体记者到所服务区域，如四川攀枝花、广西百色、湛江徐闻等地采访报道，发表了《中国热科院热作科技助农托起攀枝花芒果产业——热带水果飘香金沙江畔》（人民网）、《26 载科技支农，打造世界纬度最北芒果产业带——中国热科院留在金沙江畔的坚实足迹》《农民日报》、《中国热带农业科学院：在攀枝花孕育香甜希望》《光明日报》、“15 年磨一菠萝，为了这口甜，科研人员操碎了心”（央视三农）、“《创新进行时》：菠萝‘芯’突破”（CCTV-10）、“【一线调研·下田故事】为了 0.003%的概率，他一干就是十六年”（光明科普云）、“【一线调研·下田故事】王松标：为芒果家族添‘新员’，做热带农业‘排头兵’”（光明科普云）、“【一线实践】湛江：南亚所龙眼研究团队首创红肉龙眼杂交种质”（学习强国）、“中国热带农业科学院南亚热带作物研究所 8 个香蕉新品种获批保护权”（学习强国）等影响力较大的宣传报道，有力提升了南亚所的影响力。

据统计，2019—2023 年南亚所网站刊登稿件 1 010 篇，热科院网站刊登本所新闻 178 篇，《人民日报》《农民日报》、光明网等媒体刊登用稿 201 篇。

大事记（2019—2023年）

2019 年

1 月 25 日，海南大学党委书记武耀廷率领相关人员到南亚所参观调研，探讨校所合作工作。

1 月 30 日，南亚所苏俊波荣获广东省甘蔗机械化工作先进个人。

3 月 8—9 日，云南省楚雄市委常委郭兴旺一行到南亚所进行考察交流。

3 月 14 日，南亚所与广东壹方草木农业高新科技有限公司共建的澳洲坚果种植示范基地在广东省阳春市三甲镇举行动工仪式。

3 月 30 日，农业农村部离退休干部局副局长王春林一行，到南亚所就老同志助力脱贫攻坚、热带作物科研事业等方面内容开展调研。

4 月 8 日，根据工作需要，经中共湛江市委办公室同意，中共中国热带农业科学院南亚热带作物研究所委员会正式启用"中共中国热带农业科学院南亚热带作物研究所委员会"新印章，原"中国共产党南亚热带作物研究所委员会"印章同时废止；中共中国热带农业科学院南亚热带作物研究所纪律检查委员会正式启用"中共中国热带农业科学院南亚热带作物研究所纪律检查委员会"新印章。

4 月 19 日，热科院湛江院区"热科公寓"项目开工奠基，"热科公寓"被列为热科院重点民生项目，也是湛江市重点规划项目，项目占地面积 14 742 平方米，总建筑面积 52 474平方米，立项总投资约 1.8 亿元。该项目的建设，将在人才引进、民生保障上发挥重要作用。

4 月 30 日，中国工程院官网公布 2019 年院士增选 531 位有效候选人名单，南亚所徐明岗入选，为海南省唯一入选人。

5 月 2 日，南亚所李伟明获得"中国热带农业科学院青年五四奖章"。

5 月 8 日，河北省衡水市饶阳县人民政府县长左俊勇一行到南亚所就科技合作、干部交流及南果北种等事宜进行了交流。

5 月 22 日，20 多名老知青从四面八方相约来到南亚所，座谈南亚所过去和未来，开启了南亚所回忆之旅。老知青们重回这片热土不仅是追忆过去的岁月，更见证了南亚所65年来的辉煌成就。

5月24—25日，瑞典厄勒布鲁大学科学技术学院钱敏杰博士、Luis Morales博士和Ake Strid教授到南亚所开展学术交流。

5月27日，南亚所张秀梅接受CCTV-7军事农业频道《科技苑》（后改名《科技链》）栏目组邀请，录制菠萝全产业链的菠萝花期调控技术、新品种推广利用及其他种植技术等。

5月28日，热科院党组书记李尚兰、副院长谢江辉及院全面深化改革办公室工作人员一行到南亚所，召开院所创新改革研讨座谈会。

5月28日，热科院"职工文化"讲坛湛江院区报告会在南亚所举行，结合南亚所建所65周年庆典活动，热科院工会委员会邀请特林兵博物馆馆长陈勇耀、副馆长郭道安作专题报告。

5月31日，广东省人民政府原副秘书长、广东省农村研究院院长颜学亮、湛江市副市长欧先伟一行到南亚所调研。

6月26日，热科院四川攀枝花试验基地项目顺利通过竣工验收。

7月1日，南亚所党委获得中共湛江市委授予的"湛江市先进基层党组织"称号。

7月4日，南亚所所长徐明岗带领当时的领导班子到华南农业大学交流，与华南农业大学签订博士后工作站合作协议。

7月9日，南亚所冯文星摄影作品《科普热带水果知识》入围湛江市总工会"追梦幸福·最美女工"摄影作品展。

7月15日，南方科技大学实习实践基地在南亚所正式揭牌落成。

7月20日，南亚所曾辉当选为广东省林学会特色经济林专业委员会委员。

8月6日，广东省科学技术厅厅长王瑞军、湛江市政府副市长欧先伟一行到南亚所、湛江站调研湛江市科技创新和湛江湾实验室建设及农业规划布局。

9月8日，南亚所热带果树生物学综合实验楼项目举行封顶仪式。

9月23日，2019年非洲法语国家木薯产业发展高级研修班25名学员（来自贝宁、尼日利亚、布基纳法索等7个国家）来南亚所交流学习，参观南亚所休闲农业研究室澳洲坚果果品加工中试基地。

9月，南亚所举办农业农村部热带果树生物学重点实验室国际学术研讨会。

9月，南亚热带植物园被中国热带作物学会评选为"全国热带作物科普基地"。

10月11日，南亚所徐明岗入选《Asian Scientist Magazine》2019年度亚洲百位杰出科学家名单。

10月11日，热科院党组书记崔鹏伟、副院长张以山、纪检组组长何建湘一行到南亚所调研。

10月14日，南亚所与河北品杰农业科技开发有限公司及饶阳县农业农村局签订热带特色果树北方设施大棚种植生产技术研究与示范合作协议，该协议为饶阳县建立热带果树科普、休闲、观光基地奠定了科技支撑基础。

10月26日，南亚所扶绥综合实验室工程在崇左市扶绥县正式开工建设。项目总投资2 975.52万元，建设规模4 000平方米，智能温室规模2 600平方米，是南亚所继百色实验站之后在广西建设的又一重要工程。

10月21日—11月1日，应美国伊利诺伊大学厄巴纳-香槟分校等单位的邀请，南亚所所长徐明岗访问了美国伊利诺伊大学厄巴纳-香槟分校、密苏里大学哥伦比亚分校，与相关专家展开了广泛的交流讨论。

11月10—15日，应印度国际半干旱地区热带作物研究所（ICRISAT）邀请，南亚所刘恒教授、窦美安研究员和安东升助理研究员一行3人赴印度考察交流，执行“旱作及节水灌溉技术联合调查与评价”项目，与印度相关专家在热带旱作与节水灌溉方面达成了广泛合作共识。

12月5日，南亚所所长徐明岗荣获FAO颁布的“格林卡世界土壤奖”，该奖项相当于土壤界的“诺贝尔奖”。

12月6日，南亚所作为第一依托单位的晚熟芒果育种与优质栽培创新团队和南亚所作为第二依托单位的土壤培肥与改良创新团队获农业农村部2018—2019年度神农中华农业科技奖优秀创新团队奖。

12月6日，南亚所周文钊参编的《热带农业“走出去”实用技术系列丛书》获2018—2019年度神农中华农业科技奖科学普及奖。

12月11日，国家土壤质量湛江观测实验站在热科院湛江院区试验基地举行揭牌仪式。农业农村部科技教育司高新技术处主任徐长春、热科院副院长谢江辉、南亚所所长徐明岗、热科院计划基建处处长邓远宝等出席揭牌仪式。

12月11日，南亚所举行建所65周年庆祝暨表彰大会。第十二届全国政协常委、副秘书长、民革中央专职副主席何丕洁，中国老教授协会常务副会长、中国农业大学校长江树人，中国工程院院士、华中农业大学教授傅廷栋，热科院副院长谢江辉，中国农垦经济发展中心副主任秦福增等领导和专家出席活动。

12月9—12日，中国热带作物学会园艺专业委员会2019年学术研讨会在南亚所顺利召开，全国各地从事园艺科学研究、教学、生产和管理的近200名专家、学者齐聚广东湛江，围绕“相约南亚热作，筑梦高效园艺”主题共话园艺传承，共促科技创新。

12月16日，全国离退休干部先进集体和先进个人表彰大会在北京举行，习近平出席表彰大会。南亚所退休干部张新民喜获全国离退休干部先进个人荣誉称号。

12月13日，热科院纪检组组长何建湘带领热科院监察审计室一行3人到南亚所湛江站开展首轮日常监督和纪检工作调研。

12月22日，广东农工商职业技术学院党委书记曾雅丽、校长杜方敏、副校长罗南林等一行4人到访南亚所，开展座谈和基地调研，南亚所副所长李端奇、陈佳瑛全程陪同。

2019年是南亚所65周年华诞。这一年，南亚所举办一系列建所65周年庆祝活动，志在八方吹响号角，抖擞精神再上新征程。

2020 年

1 月 9 日，南亚所扶绥热带农业综合实验室主体封顶。

1 月 16 日，南亚所湛江站召开 2020 年工作会议。

1 月 16 日，南亚所召开工会会员大会，选举产生南亚所第六届工会委员会，陈佳瑛、袁晓丽、欧雄常、胡会刚、彭欣婷、陈影霞、贾志伟 7 名同志当选南亚所第六届工会委员会委员，陈佳瑛任工会主席，袁晓丽任工会副主席。

1 月，南亚所湛江站成功签约华中农业大学谢从华教授为热带粮食作物与瓜菜研究室学术顾问、特聘专家，签约黑龙江八一农垦大学张伟教授为热带循环农业研究室学术顾问、特聘专家。

2020 年 2 月 18 日，经热科院党组会议研究决定：聘任李普旺为南亚所副所长（正处级），湛江站副站长（兼任）；陈佳瑛任南亚所党委副书记。

2 月 8 日，南亚所湛江站积极响应党中央的号召，党委副书记（主持工作）杜丽清带领 17 名党员干部奋战在湛江抗疫第一线。

2 月 19 日下午，南亚所党委副书记杜丽清、纪委书记陈佳瑛带队慰问湛江市新冠肺炎定点收治单位广东省农垦中心医院，向医务人员捐赠了 1 000 余千克科研基地自产水果，以此向抗疫一线及援鄂的最美逆行白衣勇士们表示崇高的敬意。

3 月 3 日，热科院院长王庆煌主持召开南亚所湛江站重点工作部署视频会议。

3 月 10—12 日，根据《南亚热带作物研究所 湛江站“十四五”发展规划起草工作方案》的总体要求，南亚所湛江站组织召开“十四五”发展规划起草工作推进会和专项规划工作研讨会，加快推进“十四五”发展规划起草工作。

截至 3 月 9 日，在疫情防控的关键时期，所站职工通过所在党支部、工会、家乡村委会、红十字会等渠道累计捐助人民币 42 000 余元。

3 月 23 日，南亚所湛江站职工参加无偿献血活动合影。

4 月 3 日，南亚所正式签约广东海洋大学李思东教授为特聘专家。

4 月 9 日，南亚所湛江站培育的热甘 1 号甘蔗获农业农村部非主要农作物品种登记，并取得了品种登记证书［登记编号：GPD 甘蔗（2020）440001］。

4 月 23—24 日，热科院院长王庆煌一行到湛江院区调研。

4 月，南亚所湛江站参与申报的两项广东省重点研发计划“现代种业”（岭南林业种业及资源开发利用）重大专项喜获立项批复。“橡胶树高产耐寒新品种及日间割胶育种研究”二级课题“橡胶树高产耐寒种质早期评价技术集成研究”由张华林博士牵头，获批财政资金 50 万元。“广藿香等 6 种岭南中药材新品种培育研究”二级课题“春砂仁种质资源评价与品种筛选”由贺军军副研究员牵头，获批财政资金 32 万元。

4 月，南亚所湛江站作为主要单位完成的“不同熟期优质荔枝系列新品种选育和高接换种技术创新及应用”获得 2019 年广东省科技进步奖一等奖。

5月11—12日，农业农村部热带果树生物学重点实验室学术交流会在南亚所湛江站召开。

5月11—14日，南亚所湛江站党委副书记杜丽清、副所长陈佳瑛及相关处室一行赴攀枝花市仁和区政府、攀枝花市农林科学研究院、攀枝花市锐华农业开发有限责任公司、盐边县人民政府、攀枝花市气象局、攀枝花市农业农村局、攀枝花市26℃果品开发有限公司、攀枝花市科学技术局、中共攀枝花市委组织部等机关、企业、事业单位就农业产业发展、科技服务、人才储备、成果转化、研究院建设与运行等内容进行深入调研交流。此次攀枝花调研交流之行，标志着攀枝花研究院正式开始运行。

5月18—19日，南亚所湛江站在广东省东升农场开展天然橡胶机械化生产技术培训，50多人参加了此次培训。

5月21日，福建省农业科学院郑少泉教授和华南农业大学姚丽贤教授，应邀到南亚所湛江站就荔枝、龙眼研究进展进行学术交流。

5月21日，由国家荔枝良种重大科研攻关联合体、国家荔枝龙眼产业技术体系主办，由南亚所湛江站承办的“2020年早熟荔枝新品系ZW036（仙桃荔）现场观摩品鉴会”在国家荔枝龙眼产业技术体系南繁科研育种基地顺利举行，参会人数有100余人。

5月28日，南亚所召开增补党委委员及纪委委员的党员大会，增补了李普旺同志为中共南亚所第八届委员会委员，陈世海、贺军军两位同志为南亚所纪律检查委员会委员。

5月29日，攀枝花市政府召开攀枝花开发建设55周年科技创新大会，攀枝花市委、市政府表彰攀枝花开发建设55周年“科技创新英杰”，授予范辉建突出贡献奖，授予姚全胜科技合作奖，授予王松标、马小卫、姚全胜、左雪冬所在的攀枝花芒果产业发展关键技术研究与应用团队特别成就奖。

5月30日，南亚所所长徐明岗荣获第二届全国创新争先奖。

6月5日，热科院在攀枝花市仁和区举行攀枝花研究院揭牌仪式。热科院副院长、攀枝花研究院院长刘国道与中共攀枝花市委常委张勇共同为攀枝花研究院揭牌。市委人才工作领导小组办公室、攀枝花市农业农村局、市气象局、市农林科学研究院、仁和区政府等相关领导出席揭牌仪式。揭牌仪式由南亚所所长、攀枝花研究院副院长徐明岗主持。

6月5日，湛江市农业科普创新联盟成立大会在南亚所顺利召开。大会表决通过了湛江市农业科普创新联盟章程，选举出理事长单位、副理事长单位、理事单位和理事会成员。南亚所为理事长单位。

6月5日，受广东省人大常委会教育科学文化卫生委员会委托，湛江市人大常委会副主任伍文兴等人，就南亚所贯彻实施《中华人民共和国促进科技成果转化法》和《广东省促进科技成果转化条例》情况进行调研。南亚所副所长江汉青陪同调研。

6月28日，南亚所党委召开庆祝建党99周年暨“七一”表彰大会。会议对18位疫情防控优秀党员、3个先进基层党组织、9名优秀共产党员、9名优秀党务工作者及5个文明家庭进行了表彰。

7月3日，热科院纪检组组长何建湘、审计监察室主任于钦华一行到南亚所湛江站督导纪检和扶贫工作。

7 月 11 日，中山大学农学院科教创新基地揭牌仪式在南亚所基地举行，徐明岗主持揭牌仪式。

7 月 16 日，南亚所湛江站与广东农垦总局科技生产处合作，在广东省茂名市开展林下作物种植及产业合作现场会。

7 月 18 日，热科院副院长谢江辉在南亚所湛江站为所站科研及管理人员上专题党课。党课由南亚所杜丽清主持。

8 月 18 日，广东省农垦集团公司（农垦总局）党委书记、董事长（局长）支光南，副总经理（副局长）吕林汉，广东省广垦橡胶集团公司党委书记、董事长陈茗，广东广垦热带农业研究院党委书记谢季青等一行到南亚所就热带果蔬产业种植与加工、林下经济等领域开展调研座谈，南亚所副所长江汉青、李普旺、陈佳瑛陪同调研。

8 月 19 日，南亚所与北京理工大学、杭州市化工研究院有限公司、广东省吴川市长岐镇新联村联合开展“天然材料成就美好未来”专题科普直播活动。

8 月 28 日，南亚所所长徐明岗以“牢记使命 强化总结 做科研创新的排头兵”为题，党委副书记（主持工作）杜丽清以“坚定理想信念 强化政治意识 为建设世界一流热作科研单位保驾护航”为题为南亚所全体党员上专题党课。党课由副书记陈佳瑛主持。

9 月 1 日，南亚所所长徐明岗带领领导班子成员，以及科技处、产业发展部和办公室相关人员到湛江市农业农村局汇报交流科技、项目等合作事宜。湛江市农业农村局党组书记、局长陈刘，党组成员、副局长梁孟明、杨军生、林国栋出席座谈会。

9 月 19 日，依托国家热带果树种质资源圃、广东省南亚热带作物种质资源圃，南亚所举办了“2020 年中国农民丰收节种质资源科普开放日”活动。

10 月 16—18 日，由热科院办公室、机关党委主办，南亚所湛江站承办的热科院 2020 年办公室（党务）工作交流会在广东省湛江市举行。

10 月 26 日，攀枝花市委书记贾瑞云、市长虞平到攀枝花研究院参观调研。

10 月 27 日，四川省科学技术厅厅长刘东一行到攀枝花研究院调研。

10 月 28 日，攀枝花市科学技术和知识产权局党组成员唐秋林，攀枝花市农林科学研究院党委书记、院长张洪祥等一行 5 人到南亚所湛江站就特色水果技术研发、产业园区创建、攀枝花研究院对接建设等调研内容开展交流。南亚所副所长江汉青陪同调研。

11 月 6 日，热科院纪检组组长何建湘一行 6 人到湛江，就热科院湛江院区基地建设及运行情况、南亚所湛江站 2020 年重点工作进展情况等内容开展调研。南亚所党委副书记（主持工作）、副所长（主持工作）杜丽清，党委副书记、副所长、纪委书记陈佳瑛陪同调研。

10 月 26 日，广西农业科学院园艺研究所所长陈东奎、书记李鸿莉一行 16 人到南亚所湛江站交流，双方就资源共享、技术创新、人才交流、项目合作等方面开展交流。南亚所副所长（主持工作）杜丽清，副所长江汉青、李普旺陪同调研。

11 月，南亚所湛江站“国家农业绿色发展长期固定观测湛江试验站”获批第一批国家农业绿色发展长期固定观测试验站。

11 月 11—15 日，南亚所携 17 项科技成果（包含新品种、新技术、新产品）参加第二十二届中国国际高新技术成果交易会。

11 月 18 日，热科院培训基地（湛江）在南亚所正式揭牌并开班迎来首批学员，南亚所副所长江汉青主持揭牌和开班仪式。

11 月 25 日，南亚所在广东省徐闻县曲界镇召开“菠萝机械化种植技术现场观摩会”。

11 月 23 日，南亚所与中山大学农学院、中国农业科学院祁阳红壤实验站共同举办“高校—院所—台站”第一届青年科技工作者学术研讨会。南亚所副所长李普旺、陈佳瑛等一行 7 人参加了研讨会。

11 月，南亚所湛江站选育的橡胶树抗寒新品种湛试 32713 获农业农村部非主要农作物品种登记。

12 月 2 日，热科院院长王庆煌一行 6 人到南亚所湛江站重点就推进实施热科院“十百千科技工程”事宜开展调研，并与所站全体科研人员进行互动交流。热科院副院长戴萍，科技处、人事处、财务处负责人，南亚所湛江站领导班子及相关处室负责人陪同调研。

12 月 11 日，国家重点研发计划“主要经济作物优质高产与产业提质增效科技创新”2020 年度项目立项启动会在北京召开。项目牵头单位南亚所联合海南、云南、广东和广西等 8 家科研机构和 1 家企业共同申报的国家重点研发计划“热带作物增产节本增效栽培技术集成与示范”正式获批，南亚所徐明岗研究员为项目首席专家。该项目是南亚所牵头申报获批的首个国家重点研发计划项目，实现了南亚所在国家重点研发计划申报上的历史性突破。

2021 年

1 月 9 日，南亚所召开干部会议，会议由热科院人事处处长龚康达主持。热科院院长王庆煌宣读农业农村部党组关于杜丽清同志的任职通知，宣布杜丽清同志任南亚所所长（副厅级）。

1 月 7—10 日，2020 湛江特色农产品和消费扶贫产业发展暨第二届湛江种植业大会在湛江国际会展中心举行，南亚所南亚系列澳洲坚果、热农 1 号芒果等新品种，热带草畜一体化循环养殖技术、农业废弃物资源化利用技术等新技术及坚果护肤品、太子参等新产品亮相展会。

2 月 9 日，南亚所湛江站召开 2021 年度工作会议，所长杜丽清代表所领导班子作报告，会议由副所长陈佳瑛主持。

3 月 5 日，南亚所科技成果南亚系列澳洲坚果、热农 1 号芒果、热甘 1 号甘蔗等新品种，热带草畜一体化循环养殖技术、农业废弃物资源化利用技术等新技术，氨基酸纳米肥、坚果护肤品、太子参、菠萝移栽机等新产品亮相广东省春季农业生产暨支农服务下乡现场会农业科技咨询服务展区。

3 月 25 日，黑龙江八一农垦大学副校长、食品学院院长张东杰一行到南亚所调研交流。会议由南亚所副所长李普旺主持。

3 月 31 日，广东省林业科学研究院林下经济研究所副所长苏凌业带领林下经济团队一行 3 人到南亚所湛江站开展座谈交流。

4 月 6 日，南亚所与美国堪萨斯州立大学农学系等共同合作的研究成果在农林科学 TOP 期刊《The Crop Journal》在线发表，文章题目为《Development of diagnostic markers for a wheat leaf rust resistance gene *Lr42* using RNA-sequencing》。该研究找到了小麦抗叶锈病 LR42 的一个重要候选基因，并开发了 2 种可用于叶锈病诊断的分子标记，大大提高叶锈病的诊断效率。

4 月 13 日，2021 年湛江市菠萝生产机械化技术推广现场会在徐闻县曲界镇举行。

4 月 28 日，原南亚所所长、中国土壤学会副理事长、中国植物营养与肥料学会常务理事、土壤养分循环与环境专业委员会主任、农业农村部耕地质量建设与管理专家组组长、《中国土壤与肥料》主编徐明岗研究员，在南亚所湛江站做题为《轮作制度可持续发展的原理与技术及数据统计技巧》的学术报告。南亚所所站 60 余名科研人员、学生参加了此次报告会。

5 月 13 日，湛江市人大常委会副秘书长陈华真，市人大常委会农业农村工作委员会主任梁肖斌，市人大常委会委员张子英等 7 人组成调研组到南亚所湛江站国家热带果树种质资源圃，就种质资源相关情况开展调研。南亚所湛江站副所长江汉青陪同调研。

7 月 6 日，广东省农业农村厅种业管理处处长刘中国一行到南亚所湛江站调研，南亚所湛江站所长杜丽清、副所长李普旺陪同，湛江市农业农村局局长陈刘参加调研。

湛江市委书记刘红兵带队调研南亚所湛江站，南亚所所长杜丽清、副所长江汉青、副所长李普旺陪同调研。湛江市委常委、宣传部部长陈云，市委秘书长吴国雄，市委副秘书长张鼎智，市委副秘书长汪良波，市农业农村局局长陈刘等参加（陪同）调研。

中共湛江市直属机关工作委员会通报表扬了 2020—2021 年度湛江市直和中央、省驻湛有关单位党建工作突出的集体和个人，南亚所湛江站 1 个集体和 2 名个人荣获表彰。其中，南亚所机关党支部获 2020—2021 年度湛江市直机关“先进基层党组织”荣誉称号；南亚所曾辉获 2020—2021 年度湛江市直机关“优秀共产党员”荣誉称号；南亚所欧雄常获 2020—2021 年度湛江市直机关“优秀党务工作者”荣誉称号。

7 月 14 日，广东省甘蔗剑麻产业技术体系创新团队首席专家陈骏佳一行 4 人到南亚所调研和交流，南亚所副所长李普旺研究员陪同调研和座谈。

7 月 20 日，海南省热带园艺产品采后生理与保鲜重点实验室和海南省热带作物营养重点实验室 2 个重点实验室的现场验收工作在南亚所举行，副所长陈佳瑛出席会议。

南亚所龙眼种质创新取得了突破性进展，创制了世界上首个红肉龙眼杂交种质。

7 月 28—31 日，南亚所所长杜丽清、副所长李普旺及澳洲坚果专家一行 6 人组成澳洲坚果产业调研组，在云南省永德县境内开展澳洲坚果产业调研，并与永德县人民政府、临沧市林业科学院达成三方初步合作共识。

8月11日，南亚所所长杜丽清代表湛江市科研院所在湛江市科技创新大会上分享交流热带农业科技创新经验。该会由中共湛江市委会召开，湛江市委书记、市人大常委会主任刘红兵出席并讲话，会议由湛江市委副书记、市长曾进泽主持。

8月12日，南亚所所长杜丽清带队赴雷州市英利镇调研菠萝等热带水果种植与加工产业。

8月13日，南亚所湛江站召开第六届职工代表大会，会议由副所长江汉青主持。

8月19日，南亚所召开中国热带作物学会园艺专业委员会学术交流会。会议由南亚所副所长李普旺主持，所站青年科技人员40多人参加了本次学术交流会。

9月25日，南亚所国家热带果树种质资源圃、广东省南亚热带作物种质资源圃和中国热带作物学会园艺专业委员会共同组织开展“种质资源科普开放日”活动，迎来了共计200多名学生和家长参观。

10月14日，南亚所与临沧市林业科学院、永德县人民政府通过视频连线召开会议，签订了三方共建“临沧坚果种质资源圃”战略合作框架协议等三个协议。南亚所所长杜丽清、副所长李普旺、陈佳瑛，临沧市林业科学院院长杨建荣，永德县人民政府副县长王红专出席会议。

10月16日，广东省园艺学会第十二届会员代表大会暨学术研讨会在嘉应学院开幕。南亚所当选广东省园艺学会第十二届常务理事单位，所长杜丽清当选常任副理事长。

10月，南亚所正式被广东省农业农村厅批准成为广东省农业种质资源保护单位，认定保护单位名称为“广东省南亚热带作物种质资源圃”。

11月19日，南亚所扶绥热带农业综合实验室建设项目顺利竣工，由南亚所、南京市建筑设计研究院、广西地矿建设集团有限公司等单位相关负责人组成的专项验收组举行会议。

12月2—4日，中国热带作物学会园艺专业委员会第六次会员代表大会暨2021年学术研讨会在南亚所顺利召开。本次会议由中国热带作物学会园艺专业委员会主办，南亚所、农业农村部热带果树生物学重点实验室、海南省热带作物营养重点实验室、海南省热带园艺产品采后生理与保鲜重点实验室联合承办。

12月13日，云南省华坪县人大常委会党组书记、主任周贵翔等8人到南亚所就芒果优良品种开发保护、种植生产技术等进行交流。南亚所副所长江汉青陪同并开展座谈。

12月26—29日，南亚所湛江站澳洲坚果品种、澳洲坚果加工制品、肥料等17项科技成果亮相第二十三届中国国际高新技术成果交易会。

12月30日，南亚所举行热带果树生物学综合实验室启用仪式，仪式由南亚所副所长江汉青主持。南亚所所长杜丽清、副所长李普旺、陈佳瑛出席，全体在职职工参加仪式。热带果树生物学综合实验室大楼依托热科院农业科学院国家热带农业科技创新中心（湛江院区）建设，坐落于广东省湛江市霞山区，总建筑面积9 000平方米。热带果树生物学综合实验室的启用不仅翻开了南亚所发展的新篇章，为提升南亚所科技综合实力和竞争优势提供强力支撑，不断推动热区农业产业的发展，还将继续服务国家乡村振兴、“一带一路”倡议，助推广东、广西、四川、贵州、云南、西藏等热区基地示范，深化与越南、柬埔寨、老挝、巴西等国家和地区进行科技合作交流，加快建设热带农业科技创新高地，助力中国热科院打造国家热带农业科技创新中心。

2022 年

1 月 8—11 日，由南亚所主办、中国热科院橡胶研究所承办的国家重点研发计划“热带作物增产节本增效栽培技术集成与示范”项目 2021 年度总结会在海南省澄迈县顺利举行。会议采用线上与线下相结合的方式举行，中国工程院罗锡文院士、赵春江院士、张福锁院士、朱有勇院士、华中农业大学郭文武教授及项目咨询专家组成员王家保研究员、彭明研究员、易克贤研究员、林位夫研究员、詹儒林研究员等参加了会议。

1 月 18 日，华南农业大学联合培养研究生示范基地落户南亚所。南亚所举行了“华南农业大学联合培养研究生示范基地”揭牌仪式，华南农业大学园艺学院院长胡桂兵，南亚所所长杜丽清，副所长李普旺、陈佳瑛出席。仪式由李普旺主持。

1 月 21 日，南亚所湛江站召开 2022 年工作会议，所长杜丽清代表所站领导班子以“全力提升科技创新实力 加快推进南亚热带农业科技自立自强”为题作工作报告，会议由副所长江汉青主持。

1 月，南亚所入选 2021—2025 年全国科普教育基地第一批认定名单。

2 月 23 日，南亚所作为种植技术代表出席参加徐闻菠萝对接 RCEP（《区域全面经济伙伴关系协定》）出口新加坡发车仪式。该批重达 5 吨的徐闻金钻凤梨将被运到深圳，从蛇口口岸经海运出口到新加坡。

3 月 1 日，南亚所承办召开广东省优稀水果产业技术体系创新团队 2021 年度年终总结汇报会。广东省农业农村厅科技教育处副处长马金亮，仲恺农业工程学院副校长肖更生，体系岗位专家、示范基地负责人及团队成员等近 30 人参加了会议。会议由广东省农业科学院蚕业与农产品加工研究所所长、优稀水果产业技术体系首席专家徐玉娟研究员和南亚所所长、采后处理与保鲜岗位专家杜丽清研究员共同主持。

3 月 23 日，中央政治局委员、广东省委书记李希，广东省委副书记、省长王伟中到南亚所进行调研，南亚所所长杜丽清汇报工作情况。广东省委常委张福海，湛江市委书记刘红兵、市长曾进泽参加调研。

3 月 28 日，南亚所聘任徐明岗研究员为南亚所土壤学首席科学家。

4 月 1 日，南亚所组织 3 位现场专家、2 位线上专家在广东省徐闻县示范基地开展菠萝花果精准调控技术集成与示范观摩会。

4 月 28 日，南亚所菠萝研究团队在广东省湛江市徐闻县曲界镇举行菠萝优质高效栽培技术培训会。

4 月 29 日，广东海洋大学副校长高秀梅一行到南亚所调研，南亚所所长杜丽清、副所长李普旺、副所长陈佳瑛陪同调研。

5月9日，南亚所党委选派了首批15名党员干部（1人为入党积极分子）志愿者队伍前往一线支援疫情防控工作，南亚所副所长陈佳瑛任领队。

5月17日，湛江市科学技术局组织专家对南亚所申报的湛江市南亚热带休闲农业开发与利用工程技术研究中心进行现场考察，召开认定评审会，并通过了认定评审。

5月，南亚所荣获首批广州国家农业科创中心乡村振兴人才实训基地称号。

6月9日，华南农业大学副校长咸春龙，华南农业大学园艺学院院长胡桂兵、副书记马强等一行4人到南亚所开展交流座谈，并签订了《农科教合作人才培养基地协议书》，座谈会由南亚所所长杜丽清主持，南亚所副所长李普旺、陈佳瑛参加座谈。

6月10—11日，南亚所承办的广东省园艺学会联合中国热带作物学会园艺专业委员会在广东省湛江市顺利召开2022年学术研讨会。本次学术研讨会主题为“热带园艺作物种业高质量发展”，会议共邀请了15位果树领域知名专家作学术报告，并通过实地观摩考察的形式开展研讨交流。全国从事荔枝、龙眼、菠萝、芒果及香蕉研究的科研院校单位代表共40余人出席会议，另有部分人员通过视频在线参会。

7月1日，南亚所党委召开庆祝中国共产党成立101周年暨“七一”表彰大会。会议由党委委员、副所长江汉青主持，全所在职党员、离退休党员代表、入党积极分子以及学生代表约110人参会。

7月3日，南亚所牵头的国家重点研发计划“热带作物增产节本增效栽培技术集成与示范”子课题“木薯间套作及水肥药关键技术集成与示范”现场查定验收会及观摩科普活动在广西桂平举办。会议采取线上、线下相结合的方式，云南农业大学朱有勇院士、贵州大学宋宝安院士、北京市农林科学院赵春江院士及相关专家，桂平市农业农村局有关领导、项目主持人徐明岗研究员、课题负责人、项目骨干及团队成员参加了此次会议。

7月28日，CCTV-2《经济半小时》在当天20：00播放了“‘小芒果’挑起致富‘大梁’”节目，其中介绍了南亚所深耕金沙江干热河谷芒果育种的相关工作。

7月30日，广东省农业农村厅党组书记刘棕会一行到南亚所调研，南亚所副所长李普旺、陈佳瑛陪同调研。湛江市委书记刘红兵、市长曾进泽，广东省农业农村厅副厅长高庆营、广东省海洋综合执法总队政委秦磊等参加调研。

7月，南亚所入选2022年广东省联合培养研究生示范基地。

7月，据农业农村部第587号公告信息，南亚所获得1个甘蔗植物新品种保护权和9个芒果植物新品种保护权。该批植物新品种名称分别是：热甘14291、热农15号、热农17号、热农18号、热农20号、热农25号、热农26号、锐华6号、锐华7号、锐华8号。

8月9日，南亚所党委选派了第二批6名党员干部志愿者队伍支援一线疫情防控工作，南亚所条件保障处处长吴浩任领队。

9月28日，广东省农业农村厅公布了2022年乡村振兴战略专项省级项目（第三批）资金安排计划。南亚所杜丽清研究员牵头申报的“澳洲坚果产业链提质增效关键技术研究”项目获批经费 100 万元。重点支持南亚所在广东省内开展澳洲坚果优良种苗繁育示范、高效栽培示范以及果仁系列休闲产品开发。

9 月，农业农村部公布《关于 2019—2021 年度全国农牧渔业丰收奖获奖情况的通报》（农科教发〔2022〕5 号），南亚所菠萝研究中心张秀梅研究员主持完成的“优质菠萝周年供果关键技术的集成与示范推广”项目荣获农业技术推广成果奖三等奖。

10 月 12 日，由湛江市商务局指导、广东海洋大学主办的“中泰水果产业发展与合作研讨会”在广东海洋大学霞山校区举行。南亚所所长杜丽清、湛江市商务局副局长黄华兵、广东海洋大学叶春海教授、岭南师范学院生命科学与技术学院院长刘锴栋教授、泰中国际企业家联合总会主席叶均廷、泰国新鲜水果贸易商和出口商协会会长吴楚林等代表出席研讨会，研讨会由广东海洋大学滨海农业学院院长郑殿峰主持。

11 月 1 日，应中共湛江市直属机关工作委员会邀请，南亚所副书记陈佳瑛在市直机关党建工作交流会上代表南亚所党委作党建工作经验分享。

11 月 6—11 日，由攀枝花市农业农村局主办、南亚所承办的 2022 年攀枝花市基层农技人员知识更新培训班在四川省攀枝花市举行。

11 月，广东省科学技术厅发布了 2023 年广东省自然科学基金立项通知，对拟立项项目及资金安排情况进行了公示。南亚所此次共获批立项基金项目 4 项，总经费 60 万元。

11 月 16 日，香港理工大学终身教授、香港理工大学高等研究院副院长李鹏一行应邀到我所进行学术交流，双方就科技合作、人才交流和资源共享等方面开展交流。会议由南亚所李普旺副所长主持，相关科技人员参加会议。

11 月 15—19 日，第二十四届中国国际高新技术成果交易会暨 2022 西丽湖论坛在深圳召开。南亚所携 11 项新品种、新技术、新产品在农业农村部展区亮相，继前两届高交会荣获 10 项优秀产品奖之后，南亚所南亚 12 号澳洲坚果获得本届高交会优秀产品奖。

11 月 23—24 日，南亚所在云南西双版纳顺利召开国家重点研发计划“热带作物增产节本增效栽培技术集成与示范”2022 年度项目总结会暨预验收会。会议分别由南亚所所长杜丽清研究员、副所长李普旺研究员、项目首席专家徐明岗研究员主持。项目负责人和项目组全体骨干成员参加会议。会议通过线上线下相结合方式召开。

12 月 5 日，南亚所党委召开党员大会进行换届选举。选举产生新一届党委委员：杜丽清、江汉清、陈佳瑛、李普旺、邢姗姗、胡会刚、陈晶晶；纪委委员：陈佳瑛、陈世海、欧雄常、宋喜梅、魏长宾。两委随后分别召开第一次全体委员会议，选举杜丽清同志为党委书记、陈佳瑛同志为党委副书记、纪委书记。

2023 年

1 月 6—11 日，南亚所承办雷州市 2022 年基层农技人员培育班。

1 月 15 日，南亚所召开 2023 年工作会议，所长杜丽清代表所领导班子以“守正创新 奋勇前进 加快推进南亚热带农业科技自立自强”为题作工作报告，会议由李普旺副所长主持。

1月31日上午，湛江市科学技术局党组书记、局长赵刚一行到南亚所调研，就进一步加强湛江市科技创新等工作进行座谈交流。

2月7日，广东省农业技术推广中心举办的线上直播课程“数字＋轻骑兵”农技服务田头课，邀请南亚所苏俊波副研究员直播讲解甘蔗品种选育方面的技术。

2月8日，四川阳光嘉润现代农业发展有限公司董事长谢飞一行到南亚所就中国老挝国际合作事宜开展座谈交流。南亚所副所长李普旺、陈佳瑛陪同座谈。

2月14日，农业农村部计划财务司一级巡视员吴华到南亚所，就现代农业高质量发展开展调研并座谈交流。热科院副院长戴萍陪同调研。

3月，据农业农村部公告第655号，南亚所香蕉团队的8个香蕉新品种被授予植物新品种权。

3月7日，云南省农业科学院农产品加工研究所所长王晖一行5人到南亚所调研。

3月9—11日，国家重点研发计划“热带作物增产节本增效栽培技术集成与示范”课题绩效评价会在广东湛江举行。会议由项目牵头单位南亚所主办，分别由南亚所副所长李普旺研究员和绩效评价专家组副组长谭金芳教授主持，项目主持人、课题负责人、项目骨干及绩效评价专家组专家共计50余人参加会议。

近日，广东省农业农村厅发布2023年广东省农业主导品种和主推技术，南亚所2个品种和2项技术入选。其中入选的农业主导品种是热甘1号甘蔗和922澳洲坚果；入选的农业主推技术是基于中小型收获机的甘蔗农机农艺融合技术和荔枝高接换种提质增效技术。

3月15日，南亚所所长、党委书记杜丽清，副所长李普旺，湛江市科学技术局社会发展与农业农村科技科江雄伟等一行7人，前往吴川市黄坡镇开展科技支撑乡村振兴和驻镇帮扶工作调研。

3月16日，热科院科技信息研究所所长黄贵修、党委书记杨礼富一行到南亚所，就推动数字农业领域科技融合创新交流与合作进行座谈交流。

3月17日，广东省农业技术推广中心举办的线上直播课程“数字＋轻骑兵”农技服务田头课，邀请南亚所王松标研究员线上开展芒果栽培技术培训。

3月23日，凉山彝族自治州林业草原科学研究院院长张平一行到南亚所开展座谈交流，并签署科技合作协议。会议由南亚所所长杜丽清主持，副所长李普旺、陈佳瑛陪同座谈。

3月30日，第三届金沙江论坛在四川省攀枝花市举行。南亚所所长杜丽清受邀参加。

3月31日，南亚所和老挝农业与林业部种植司、四川阳光嘉润现代农业发展有限公司签署农业技术合作国际合作谅解备忘录。签署仪式在老挝首都万象举行，南亚所所长杜丽清（线上）、老挝农业与林业部种植司副司长万添·彭玛苏林、四川阳光嘉润现代农业发展有限公司总经理谢飞三方代表，在中国四川省人民政府副省长杨兴平、中华人民共和国驻老挝人民民主共和国大使馆经济商务处参赞赵文宇、中国国际贸易促进委员会四川省委员会会长黄莉、老挝投资计划部副部长康占·翁森本、老中合作委员会副主席塞萨纳·西提蓬、老挝农业与林业部种植司司长本占·康本亚斯等中老政府要员的见证下签订了本次合作谅解备忘录。

3 月 31 日下午，南亚所党委书记、所长杜丽清率队赴云南省农业科学院热区生态农业研究所（简称“热区所”）调研，热区所所长金杰陪同。

4 月 9 日，中国粮油学会油脂分会会长、全国粮油标准化技术委员会油料及油脂分技术委员会主任、武汉轻工大学何东平教授应邀到南亚所进行学术交流，会议由南亚所所长杜丽清主持。

4 月 18 日，热科院党组书记崔鹏伟、攀枝花市副市长龙勇一行到攀枝花研究院调研并座谈，详细了解攀枝花研究院的建设和发展情况。热科院副院长谢江辉、南亚所所长杜丽清陪同调研。

4 月 24 日，光明网副总经理宋乐永一行 4 人到南亚所开展座谈交流，双方签署了《热带农业科普宣传提升行动合作协议》。

5 月 21 日，南亚所与华南农业大学联合选育的荔枝新品种仙桃荔在广东省徐闻县举行现场观摩品鉴会。广东省农业农村厅二级巡视员何国威、南亚所所长杜丽清出席会议。

5 月，农业农村部发布的 2023 年第 2 批授予植物新品种权名单公布，南亚所获 13 个植物新品种权。其中菠萝新品种权 10 个：热农 1 号、热农 3 号、热农 5 号、热农 7 号、热农 18 号、热农 9 号、热农 8 号、热农 10 号、热农 17 号、热农 21 号；甘蔗新品种权 2 个：热甘 16117、热甘 16239。芒果新品种权 1 个：热农 29 号。

5 月 27 日，由海南省农业农村厅和海南省乡村振兴局联合主办、热科院首次承办的海南省热带农业科技成果发布与对接活动在热科院海口院区召开，南亚所携新品种、新技术、新产品共 11 项亮相该活动。

6 月 6 日，老挝农业与林业部种植司副司长万添·彭玛苏林到访南亚所，并就谅解备忘录的详细条款进行磋商。四川阳光嘉润现代农业发展有限公司董事长杨桦，南亚所所长杜丽清、副所长陈佳瑛出席座谈。

6 月 12 日，贵州省亚热带作物研究所党委书记杨明举一行到南亚所开展科技交流。南亚所所长、党委书记杜丽清出席座谈，副所长陈佳瑛陪同调研。

6 月 9—12 日在广东省湛江市召开广东省园艺学会 2023 年学术研讨会，全国从事热带果树研究的 20 多家科研院校单位代表共 100 余人出席会议。南亚所所长杜丽清出席开幕式并致辞。

6 月 13 日，福建省农业科学院亚热带农业研究所党委书记戴艺民一行到南亚所开展座谈交流。南亚所所长、党委书记杜丽清、副所长李普旺陪同座谈并调研。

6 月 16 日，热科院副院长、机关党委书记戴萍到南亚所调研指导党建工作，并召开调研座谈会，南亚所领导班子成员、党委委员和党支部书记参加会议。

6 月 18—20 日，湛江市奥林匹克体育中心举办 2023 年湛江市消费帮扶助农增收系列活动启动仪式暨农副产品展销会，南亚所受邀参与了本次展销活动。

7月5日，南亚所与吴川市黄坡镇人民政府签订了战略科技合作框架协议，携手推动科技成果与乡村产业发展深度融合，以科技创新赋能乡村振兴。

7月5日，湛江市委书记刘红兵、市委副书记李勇毅、副市长吴国雄、市委秘书长梁锦荣、市委副秘书长张鼎智等领导到南亚所就深度参与乡村振兴战略和“百千万工程”等内容开展调研。南亚所党委副书记、副所长陈佳瑛全程陪同。

7月12日，热科院副院长谢江辉到南亚所参加联系党支部“学悟新思想 实践建新功”主题党日活动，为党员干部上专题党课，并和科研人员座谈交流。

7月1日，热科院召开2021—2022年度“两优一先”（优秀共产党员、优秀党务工作者和先进基层党组织）表彰大会，南亚所党委和离退休第一党支部荣获院先进基层党组织荣誉称号，邢姗姗、陈晶晶被评为热科院优秀共产党员，李俊峰被评为热科院优秀党务工作者。

7月12日，农业农村部农垦局二级巡视员王林昌一行来攀枝花研究院调研，四川省农业农村厅二级巡视员万烈陪同调研。

7月23—25日，国家重点研发计划“热带作物增产节本增效栽培技术集成与示范”项目综合绩效评价会在广西扶绥举行。会议由农业农村部科技发展中心主办，项目牵头单位南亚所承办。项目主持人、课题负责人、项目骨干及绩效评价专家组专家共计50余人参加会议。

8月8日，发展中国家热带水果生产与加工技术培训班在广东省湛江市顺利开班。该培训班由商务部主办，热科院承办，南亚所具体负责组织实施。热科院副院长刘国道、南亚所所长杜丽清出席开班仪式并致辞。

8月9日，由湛江市主办的驻湛高校、科研院所成果转化助推“百千万工程”工作对接会在湛江湾实验室龙王湾园区召开。南亚所携新品种、新技术、新产品共23项亮相该活动。

8月29日，热科院院长黄三文到湛江院区开展调研，并就南亚所、农产品加工研究所、农业机械研究所、湛江站、广州实验站（以下简称“三所两站”）等单位的运行发展情况及下一步工作计划、青年人才发展举行座谈会。热科院纪检组组长何建湘、副院长戴萍参加座谈。

9月1日，由商务部主办、热科院承办的发展中国家热带水果生产与加工技术培训班在海口举行结业典礼，来自柬埔寨、古巴、多米尼克、毛里求斯、巴基斯坦、特立尼达和多巴哥、斯里兰卡和乌干达共8个国家的34名学员顺利完成了为期25天的培训。海南省商务厅对外投资和经济合作处处长王金强和南亚所所长杜丽清出席结业典礼，南亚所副所长李普旺主持典礼。

10月27日，攀枝花市政协副主席、中国国民党革命委员会攀枝花市委员会主任委员魏渠河率队到南亚所就“运行好中老国际班列，打造四川南向开放门户”开展调研交流。

11月2日，国际天然纤维组织秘书长 Tambyrajah Randolph Dilipkumar 及肯尼亚农业和粮食管理局、坦桑尼亚剑麻委员会代表和中国农业科学院麻类研究所专家等一行11

人到南亚所剑麻科研基地开展调研，并就南亚所与国际天然纤维组织剑麻生产技术合作事宜进行了深入交流。南亚所副所长楚小强和国家麻类产业技术体系岗位专家周文钊研究员等陪同座谈并调研。

11 月 9 日，南亚所澳洲坚果团队在广东省阳春市岗美镇开展澳洲坚果水肥需要特点、水肥管理技术培训及田间澳洲坚果修剪技术实操演练。

11 月 22 日，中国工程院公布 2023 年院士增选名单，南亚所特聘专家、原所长徐明岗当选中国工程院院士。

11 月 15—19 日，南亚所携新品种、新技术、新产品共 11 项亮相第二十五届高交会。

11 月 24 日，南亚所会同广东省霞山区农业农村局在东纯村举办多彩马铃薯试验示范基地播种仪式及“三新（新产品、新技术、新机具）”现场培训会。

12 月，南亚所迟美人荔枝、热农 17 号菠萝、热农 56 号菠萝三个品种通过广东省农业农村厅非主要农作物品种评定。

12 月 5—7 日，斯里兰卡国家技术研究所副所长 Wasala Mudiyanselage 等一行 5 人到南亚所就水果研究、生产技术以及科技合作等方面开展调研。南亚所所长杜丽清和副所长罗志强、楚小强陪同座谈与调研。

12 月 26 日，2023 年广东省甘蔗机械化生产技术示范推广活动在雷州市纪家镇的甘蔗农机农艺融合高质量发展关键技术集成与示范基地举行，活动由南亚所甘蔗团队的苏俊波博士主持。

后　记

《南亚勋业印记——中国热带农业科学院南亚热带作物研究所所志和大事记（2019—2023 年）》的编纂工作历经半年，现在终于编纂成书了。

2024 年 2 月，所里提出南亚所建所 70 周年庆典活动，作出了续编中国热带农业科学院南亚热带作物研究所所志（2019—2023 年）的工作部署，由所长、党委书记杜丽清主持本书的编纂工作。随后，所长杜丽清召集全所有关人员，成立了编写小组，指定罗志强担任编写组组长，小组成员来自全所各管理服务部门。具体执笔情况如下：

第 1 章：罗志强、李俊峰

第 2 章：李颖、涂行浩

第 3 章：李威、陈曙、陈荣豪、唐远红、张森

第 4 章：欧雄常、吴浩、魏茹丹、刘晓颖、刘江平、陆军迎

第 5 章：李玉林、杨颖娣、陈超、黄小华、毛济民

第 6 章：曹娟

第 7 章：陈世海

第 8 章：陈荣豪

第 9 章：李俊峰、罗志强、邢姗姗、黄炳钰、黄丽君

大事记：袁晓丽、李琬琪

所长杜丽清亲自撰写前言。

在本书的编纂过程中，编纂人员查阅了有关资料，发现《南亚勋业——中国热带农业科学院南亚热带作物研究所所志（1954—2019）》中南亚所的前身——徐闻试验站的建立时间（1954 年 12 月）有误，经查证应为 1954 年 3 月。

本书的编纂工作时间紧、任务重，编纂人员均为现职职工，本职工作任务已很紧张，大量编纂工作只能利用业余时间；同时编纂过程中也面临着方

方面面的压力，对完成这项艰巨而光荣的任务而心存顾虑；加之编纂人员没有受过专业的培训，修志功夫不到家，在内容安排、布局谋篇诸多方面都困难重重……尽管如此，编纂人员还是顶着压力和困难，担起了这个责任，并倾心倾力、务求翔实。

本书的编纂工作，得到了南亚所所领导和全体职工的关心和支持；得到了中国农业出版社的大力支持和配合。

尽管编纂小组尽了最大努力，但编纂人员能力有限，本书的疏漏和舛误在所难免，惟有遗憾与抱歉了。

恳请各级领导、有关专家和读者多多批评指正。也欢迎所有了解南亚所历史、愿意帮助我们掌握真实、还原历史的热心人士和广大读者及时指出错漏、提供资料，不断提高本书的质量。

图书在版编目（CIP）数据

南亚勋业印记：中国热带农业科学院南亚热带作物研究所所志和大事记：2019—2023年 / 罗志强，李俊峰，袁晓丽主编．-- 北京：中国农业出版社，2024．12．
ISBN 978-7-109-32777-1

Ⅰ．S59-242

中国国家版本馆CIP数据核字第2024YM0656号

NANYA XUNYE YINJI
ZHONGGUO REDAI NONGYE KEXUEYUAN NANYAREDAI
ZUOWU YANJIUSUO SUOZHI HE DASHIJI
(2019—2023 NIAN)

中国农业出版社出版
地址：北京市朝阳区麦子店街18号楼
邮编：100125
责任编辑：任安琦　郭晨茜
版式设计：杨　婧　　责任校对：吴丽婷
印刷：北京通州皇家印刷厂
版次：2024年12月第1版
印次：2024年12月北京第1次印刷
发行：新华书店北京发行所
开本：787mm×1092mm　1/16
印张：11.5
字数：258千字
定价：128.00元